蒸気タービン

千葉　幸　著

「d-book」
シリーズ

http：//euclid.d-book.co.jp/

電気書院

目　次

5　調速装置

6　各種タービン

7　タービンの保安装置

8　タービンの制御と計測

1　蒸気タービン一般

1·1　蒸気タービンの概要

蒸気タービン

蒸気タービン（steam turbine）は蒸気の保有する熱エネルギーをまず蒸気の運動エネルギーに変え，さらにこれを軸回転運動のエネルギーに変える機械である．蒸気タービンにおける蒸気通路を形成するものを翼または羽根と称し，熱エネルギーを運動エネルギーに変えるための翼をノズル，噴口，または静翼ともいい，タービンケーシングに固定される．蒸気の運動エネルギーを軸回転運動に変換する翼を動翼と称しタービン軸に固定される．タービンによってはノズルと動翼とが1組だけのものもあるが，多くは第1段の動翼からでた蒸気が第2段のノズルに入り，第2段の動翼からさらに第3段のノズルに入るというように多段になっている．ノズルおよび動翼の1組を1圧力段落という．図1·1はタービン発電機の構造の一例を示す．

静翼

動翼

圧力段落

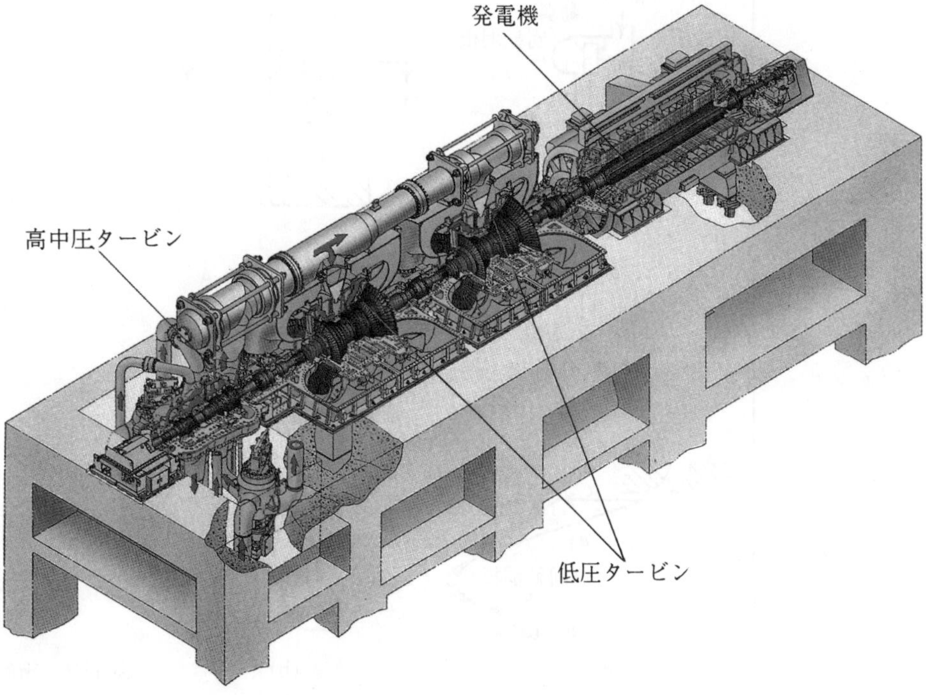

図1·1　タービン発電機の構造の一例

タービンの主要部は入口に取付けられた主蒸気弁，蒸気を膨張させ速度を与える役目をするノズル，この蒸気によって回転する翼車（ロータ），これらの装置をおおう車室（ケーシング），翼車を支える軸受，負荷調整および速度制御をするための調整装置，潤滑装置などから構成されている．

1·2 蒸気タービンの分類

(a) 蒸気の作用による分類

衝動（impulse），反動（reaction）および衝動・反動併用タービンの三つになる．衝動というのは噴口を出た高速蒸気が動翼にあたって蒸気の運動エネルギーを動翼に与えて動翼を動かすと考えられるものであり，これに対して反動というのは動翼の中で蒸気の速度が増加し，蒸気を後方に噴出することによりその反作用で動翼が動くと考えられるものである．

衝動タービン

(1) 衝動タービン（impulse turbine） 蒸気が噴口（nozzle）を通過する間に流れの方向を変え，その運動量の変化を動翼に伝えるものであり，構造上から分けるとつぎの3種になる．

単段衝動タービン

(i) 単段衝動タービン 図1·2はこれを示す．すなわち図(a)はこの構造概略を，(b)はタービン噴口および動翼の中における蒸気の圧力および速さの変化する様子を示す．また(c)は動翼の出入口における蒸気の絶対速度v，動翼の速度u，ならびに動翼に対する蒸気の相対速度wの関係を示す．またこの形のタービンをドラバルタービンとも呼ぶ．

ドラバルタービン

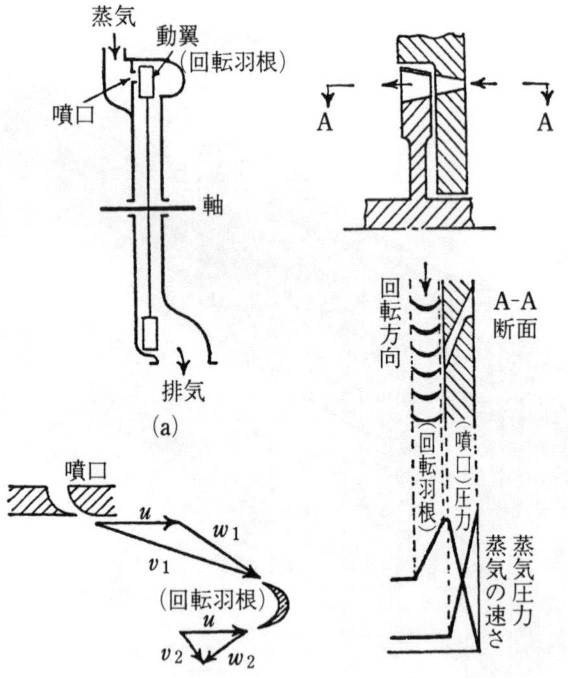

図1·2 衝動タービンの動作原理

速度複式衝動タービン

(ii) 速度複式衝動タービン 噴口より噴出する蒸気の速度エネルギーを1回で動翼に伝える代わりに図1·3に示すように数回に分けて動翼に伝えるようにしたもので，このようなタービンをカーチスタービンという．

カーチスタービン

図(b)はこのタービンの噴口，第1動翼，静翼および第2動翼における蒸気の圧力および速さの変化状況を示し，(c)はこのタービンの第1動翼および第2動翼の出入口における蒸気の絶対速度v，動翼の速度uならびに動翼に対する蒸気の相対速度wの関係を示す．

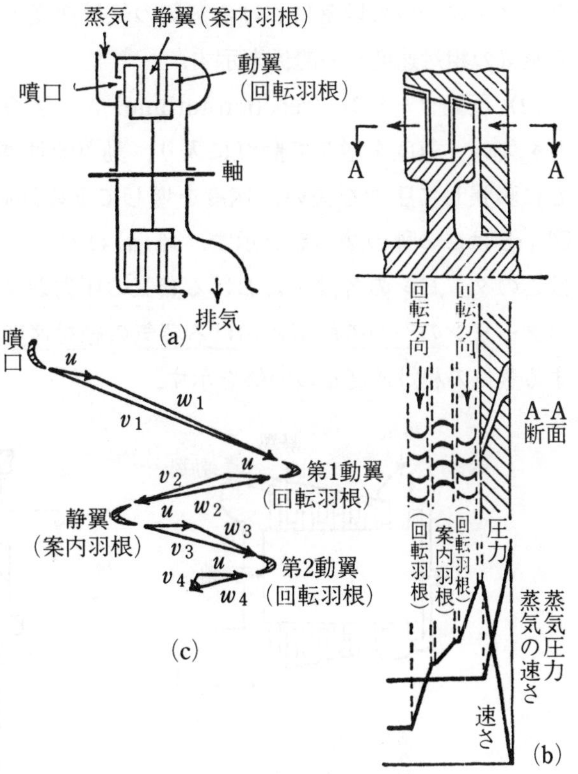

図 1·3 速度複式衝動タービンの動作原理

圧力複式衝動タービン
ツエリータービン
ラトータービン

(iii) **圧力複式衝動タービン** 噴口1段でタービン入口圧力からタービン出口圧力まで膨張させる代わりに，数段に分けて膨張させるようにしたもので**図 1·4** はこれを示す．ツエリータービンおよびラトータービンと呼ばれるものはこの種類のものである．

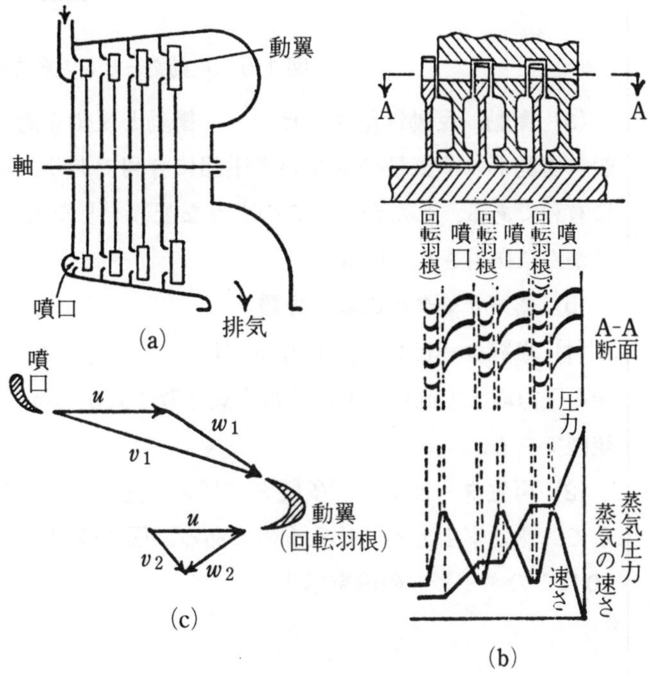

図 1·4 圧力複式衝動タービンの動作原理

図(b)はこのタービンの各段落における蒸気の圧力および速さを示し，(c)はこのタービンの一つの段落における蒸気の絶対速度 v，動翼の速度 u ならびに動翼に対する蒸気の相対速度 w の関係を示す．

反動タービン

(2) 反動タービン (reaction turbine)　　蒸気が静翼を通過する間に膨張して圧力を失い，速度を増して動翼に入り，動翼を通過する間に流れの方向を変えるとともに膨張して圧力を失い，速度を増してその運動量の変化を動翼に伝えるもので，図1·5はこの種の基本形を示す．図(a)はパーソンスタービンと称するもので，(b)はこのタービンの各段落における蒸気の圧力および速さの変化状況を示し，(c)はこのタービンの一つの段落における蒸気の絶対速度 v，動翼の速度 u，および動翼に対する蒸気の相対速度 w の関係を示す．

パーソンスタービン

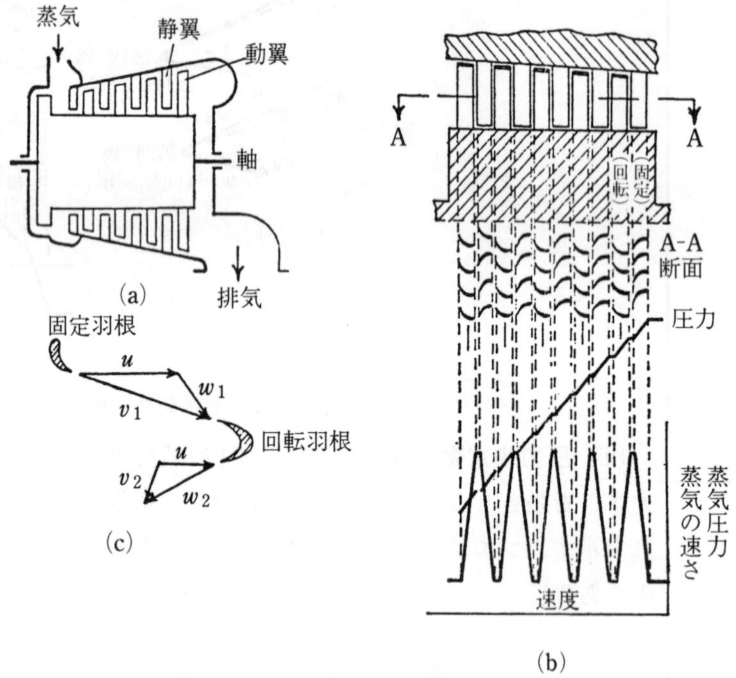

図1·5　反動タービンの動作原理

衝動，反動併用タービン

(3) 衝動，反動併用タービン　　衝動と反動を適当に組合わせたものである．一般に衝動形は蒸気量の少ない高圧部に有利であり，反動形は蒸気量の大きい低圧部に有利である．したがってこのような配置をした大形タービンが現在実用機として，さかんに採用されている．

(b) 蒸気サイクルによる分類

単純タービン

(1) 単純タービン (図1·6(a)(b))　　タービン入口から入った蒸気の全量が最後の圧力段まで流れるもので復水式と背圧式がある．図1·7(a)は復水式の場合の系統図である．

再生タービン

(2) 再生タービン　　多段タービンの途中から蒸気の一部を抽出して給水を加熱して，熱効率を上昇させるものである．図1·7(b)はこの系統図である．また図1·10はこのタービンの例を示す．

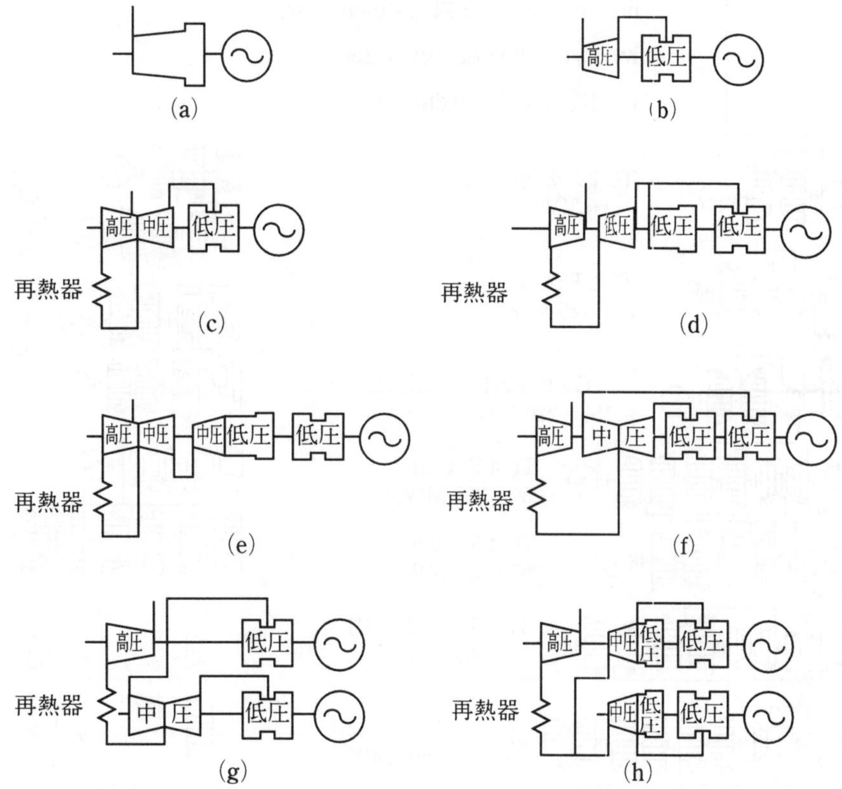

図 1·6 タービンの分類

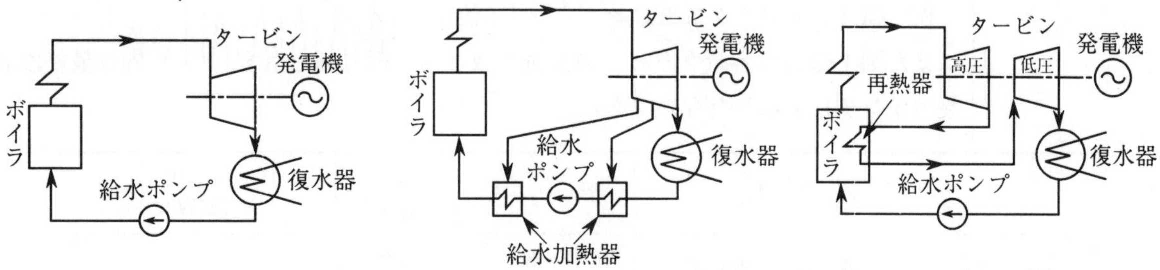

(a) 単純形　(b) 再生形　(c) 再熱形

図 1·7 系統図

再熱タービン　**(3) 再熱タービン（図 1·6 (c) ～ (h)）** 復水タービンではタービン入口の蒸気温度が低いとタービンの最終段の蒸気湿り度が増し，翼の摩耗が多くなるため，再熱してこの害を除くとともに効率向上をはかるものである．**図 1·7** (c) はこの系統図である．最近のタービンはこの再熱形を採用している．

(c) 構造上の分類

軸流タービン
ふく流タービン

(1) 軸流タービンとふく流タービン 軸流タービンは蒸気の流動方向がタービン軸に平行するもので，ほとんどのタービンはこれに属する．ふく流タービンは蒸気の流動方向がタービン軸の半径方向になっているもので，**6·3** のユングストロームはこの式の唯一のものである．

図 1·8 はこの形式を例示したものである．図中の符号を説明すると，

(i) TC；タンデムコンパウンド (tandem-compound)；串形タービンともいう．

(ii) CC；クロスコンパウンド (cross-compound)；並列形タービンともいう．

(iii)　F　；蒸気流数（steam flow）

(iv)　cyl；車室数（cylinder）

(v)　RH；再熱（reheat）

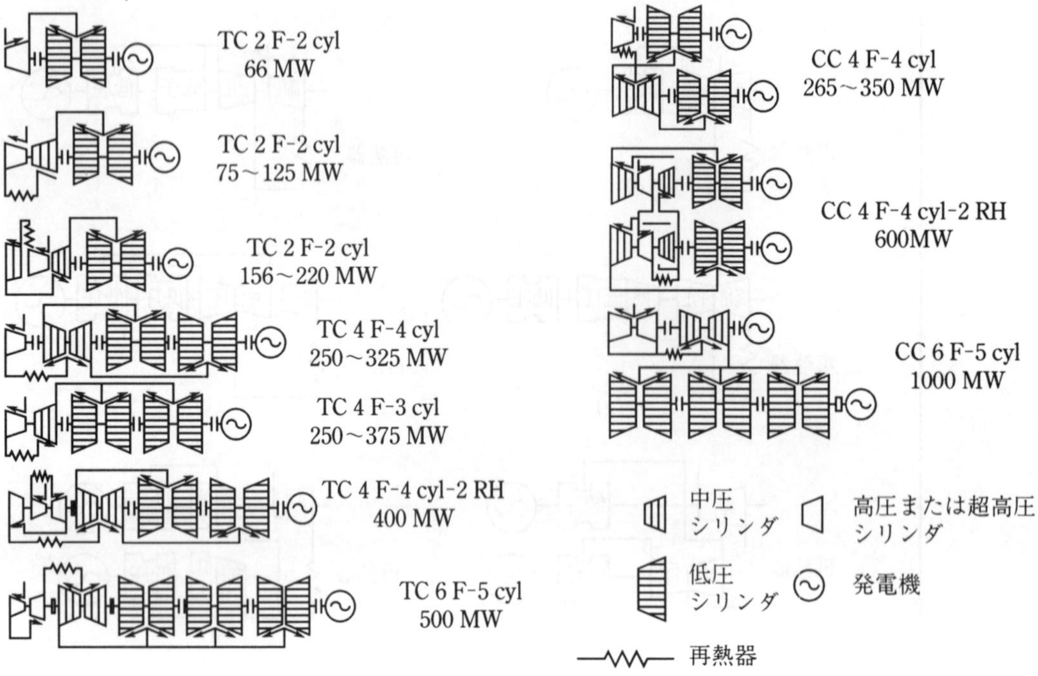

図1・8　タービン形式の例

例　CC6F-5cyl：クロスコンパウンド6流5室

また図1・9は大容量タービンの蒸気流数と車室構造例を示す．（　）内は最終段翼長（インチ）を示したものである．

タービン構成	形式	回転数〔rpm〕	標準出力〔MW〕
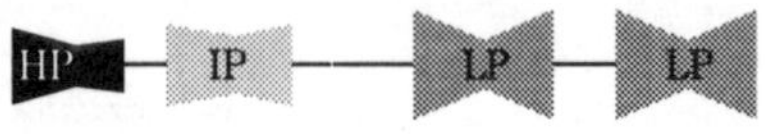	TC4F-(33.5)	3 600	700
	TC4F-(33.5)	3 000	
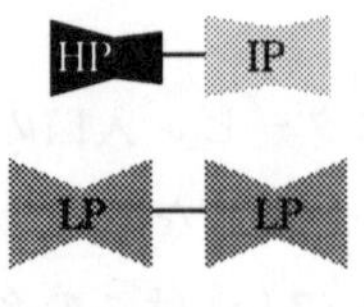	CC4F-(41)	3 000／1 500	1 000
	CC4F-(43)	3 600／1 800	
	TC6F-(33.5) TC6F-(33.5)	3 600 3 000	
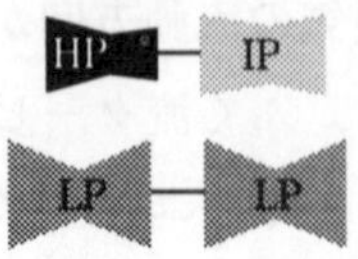	CC4F-(52)	3 600	1 500
	CC4F-(52)	3 000	

図1・9　大容量タービン形式

単室（軸）タービン

(2)　単室（軸）タービン（図1・6(a)）と多室（軸）タービン（図1・6(b)～(h)）　タービン容量が大きく，蒸気圧力が高くなると圧力段落が多くなり，構造がむずか

多室（軸）タービン

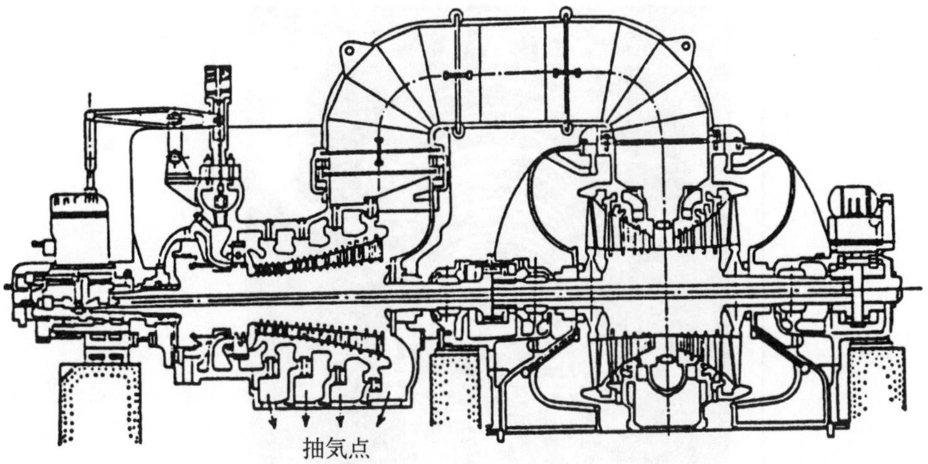

図1·10　再生タービン

しくなるため，車軸，車室を2個以上に分けたものである．図1·6はこの分類によるものであるが．

単流排気タービン
多流排気タービン

(3) **単流排気タービン**(図1·6(a))と**多流排気タービン**(図1·6(b)～(h))　最終段落の分流数よる分類で，大容量復水タービンでは低圧段における蒸気量は膨大なものとなり処理が困難になるため，タービンの終りに近い所で蒸気を二つ以上の流れに分け，低圧部だけを2個以上に分割する．

串形タービン
多軸複式タービン

(4) **串形タービン**(図1·6(b)～(f))と**多軸複式タービン**(図1·6(g)，(h))　串形タービンは多数の車軸を一直線に結合したもので，車軸の回転数は同一である．多軸複式タービンは車軸を2軸以上に分割したものである．これはタービン容量が大きくなり，また車室の数も多くなって串形では都合の悪い場合あるいは低圧部の排気量が多くて，タービンの回転数を変えたい場合に採用される．

(d) 使用目的にもとづく分類

復水タービン

(1) **復水タービン**　　蒸気の全熱量を可能なかぎり多く利用するために排気を復水器に導き高真空背圧で運転するもので，発電事業用のタービンはほとんどこれである．図1·11はこれの例を示す．

抽気タービン

(2) **抽気タービン**　　作業用の一定圧力の蒸気と動力を同時に必要とし，所要動力の割に所要蒸気量が少なく，しかも蒸気量と動力が関係なく変動する場合は図1·12(a)のような抽気復水式タービンが使われる．すなわち復水式タービンの膨張の途中から蒸気を取出して工場に送り，残りの蒸気をさらに低圧側で膨張させて復水器に送って動力を発生する．

これに対して作業用蒸気圧力が2種類で，タービンを通過する蒸気の一部を抽気により，残りを排気によって供給する場合は抽気背圧式タービンが採用される．図1·12(b)は抽気背圧タービンの例を示す．

背圧タービン

(3) **背圧タービン**　　タービンで発電し，その排気を工場の生産用蒸気などに利用するもので，比較的背圧の高いものである．トップタービンもこれの一種である．

このタービンを利用すれば，作業用蒸気を別にボイラを設置して送ることなく，高圧ボイラで発生した蒸気を使って動力を発生し，その残りをすべて作業用蒸気として使用するため，総合効率は格段によくなるわけである．

図 1･11　復水タービンの組立状況

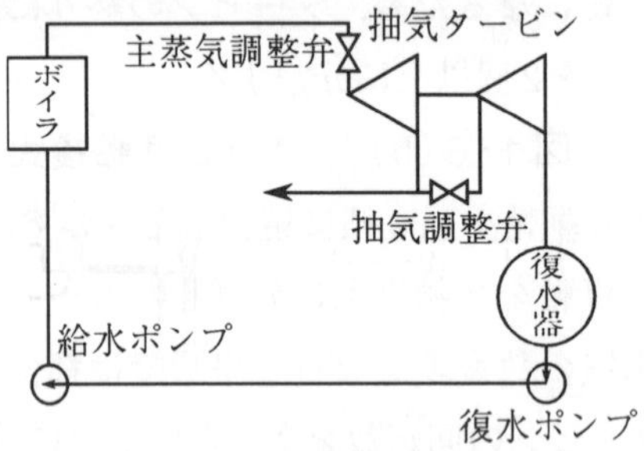

(a)　抽気タービン

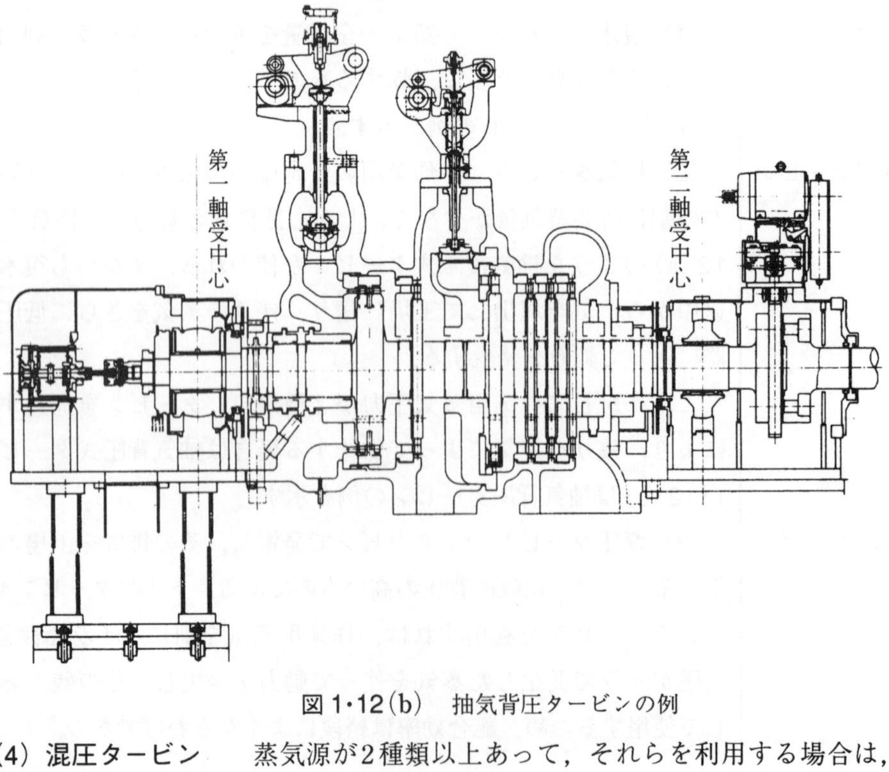

図 1･12(b)　抽気背圧タービンの例

混圧タービン　**(4) 混圧タービン**　蒸気源が2種類以上あって，それらを利用する場合は，この形式のタービンが採用される．図1·13(a)および (b)はこの例を示す．

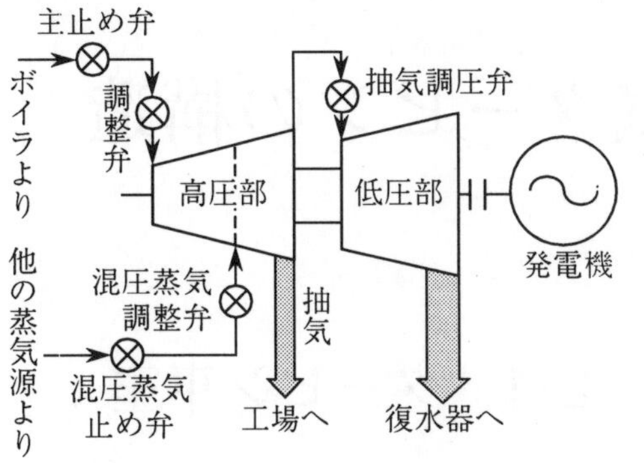

(a)　混圧抽気復水タービン

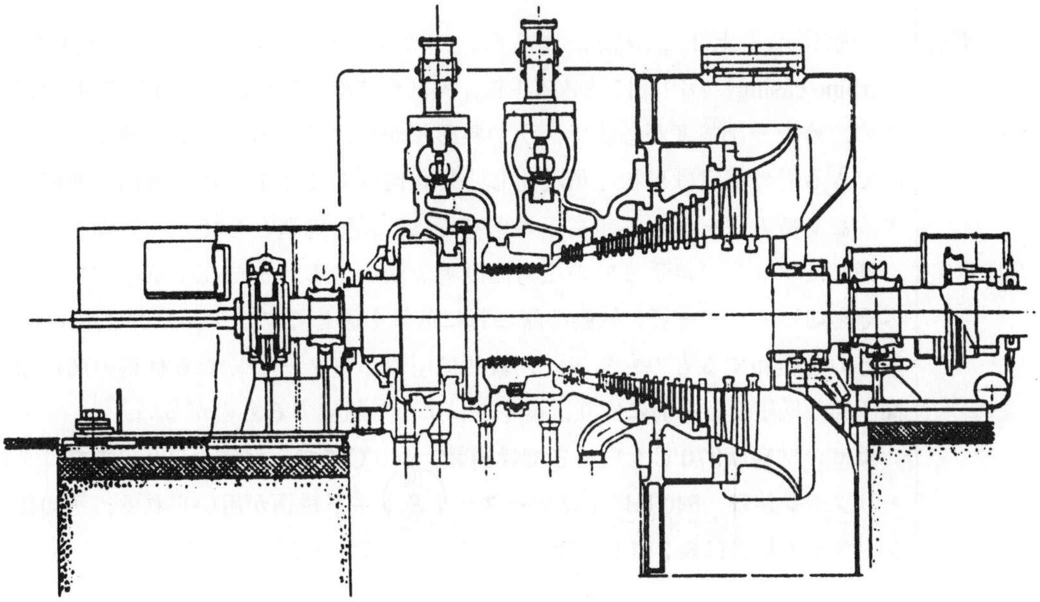

(b)　混圧タービン

図1·13

2　蒸気タービンの構造

2・1　タービン車室

車室　一般に水平上下二つ割に作られ，フランジとボルトによって組立て，車室(turbine casing)の内部にはノズル板，翼車を納め，タービンに所要の働きをさせる．このため十分な強度が必要で，かつ熱膨張が自由であることが必要である．このためできるだけ車室は形状を単純化し，形状肉厚の変化を避け，自由に熱膨張できるような支持方法をとる．超高圧の車室では二重壁構造として，内外両壁の間に蒸気を通じてフランジ接手までの圧力温度差を減少する．また高圧車室のフランジにはみぞを切って，タービン始動の際これに蒸気を通じてフランジおよびボルトを温め，熱応力を緩和するものもある．比較的低圧の単室タービンでも材料の関係などから高圧部と低圧部とを別に作り，ボルトによって組立てるものが多い．

高圧車室

車室の材料は370℃くらいまでは鋳鉄，440℃までは鋳鋼，500℃まではクロム・モリブデン鋳鋼，540℃以上はオーステナイト系不銹鋼が用いられる．その他タービン主要部の材料は**表2・1**(a)(b)に示すとおりである．

表2・1(a)　タービン主要部材料表

名　称	材　質
タービンケーシング，ノズル室 翼環，ノズルダイヤフラム	2.5 Cr. 1 Mo 鋼，1 Cr. 0.5 Mo 鋼，0.5 Mo 鋼 炭素鋼鋳鋼，鋳鉄，炭素鋼板など
ノズル，仕切板，静翼，動翼	Cr. Mo. Ni. V. W 鋼，12 Cr 鋼， 18-8(または17-4)ステンレス鋼など
ロータ	Cr. Mo. Ni. V. W 鋼，Ni. Cr. Mo. V 鋼， Cr. Mo 鋼，特殊耐熱鋼など
車室および翼環用ボルト	Cr. Mo. Ni. V. W 鋼，Cr. Mo. V 鋼 Ni. Cr. Mo鋼，Cr. Mo 鋼 特殊耐熱鋼，炭素鋼など
主止め弁，調整弁 中間阻止弁，再熱止め弁の本体	2.5 Cr. 1 Mo 鋼，1 Cr. 0.5 Mo 鋼，0.5 Mo 鋼 炭素鋼鋳鋼，炭素鋼鍛鋼など

低圧車室　低圧車室は圧延鋼板溶接製のものも多い．高圧用フランジボルトの材料はクロム・モリブデン鋼である．この種のボルトの締付けはボルトの中心に孔をあけ，電熱，ガスバーナなどで加熱しながら行う方法がとられる．

車室の水平の気密を保つことは相当困難なことであるが，製作者によっては金属パッキングあるいはアスベストパッキングを使うが，普通は上下車室接触面のす

(b)　蒸気条件によるタービン高温部の適用材料例

蒸気条件			
主蒸気圧力 主蒸気温度 再熱蒸気温度	246 atg 538 ℃ 566 ℃	246 atg 566 ℃ 593 ℃	246 atg 593 ℃ 593 ℃
高圧ロータ	Cr-Mo-V 鍛鋼		12 Cr 鍛鋼
高圧初段動翼	12 Cr 鍛鋼		改良12 Cr 鍛鋼
高圧ノズルボックス	Cr-Mo-V 鋳鋼		12 Cr 鋳鋼または高Cr 鍛鋼
高圧外部車室	Cr-Mo-V 鋳鋼		12 Cr 鋳鋼
高圧内部車室	Cr-Mo-V 鋳鋼		12 Cr 鋳鋼
中圧ロータ	12 Cr 鍛鋼	改良12 Cr 鍛鋼	
中圧初段動翼	12 Cr 鍛鋼	改良12 Cr 鍛鋼	
中圧外部車室	Cr-Mo-V 鋳鋼		
中圧内部車室	Cr-Mo-V 鋳鋼	12 Cr 鋳鋼	
主蒸気止め弁 蒸気加減弁	Cr-Mo-V 鋳鋼 またはCr-Mo-V 鍛鋼	Cr-Mo-V 鍛鋼	12 Cr 鋳鋼
再熱蒸気止め弁	Cr-Mo-V 鋳鋼	12 Cr 鋳鋼	

り合わせを行い，パッキングなしでマンガンサイトを上半接触面に一様にうすく塗って密着させる方法をとる．低圧車室は高圧車室に比べて格別問題はないが，最終段落から出た排気は相当な速度を有するため，その速度エネルギーを回収し，かつ復水器にいたるまでに渦を生じさせないようにすることが肝要で，そのためには排気通路にはディフューザ（diffuser）の作用をもたせ，かつ適当な仕切を設けて排気の流れの相互干渉を避けるようにする．

図 2·1(a)　車室と翼車

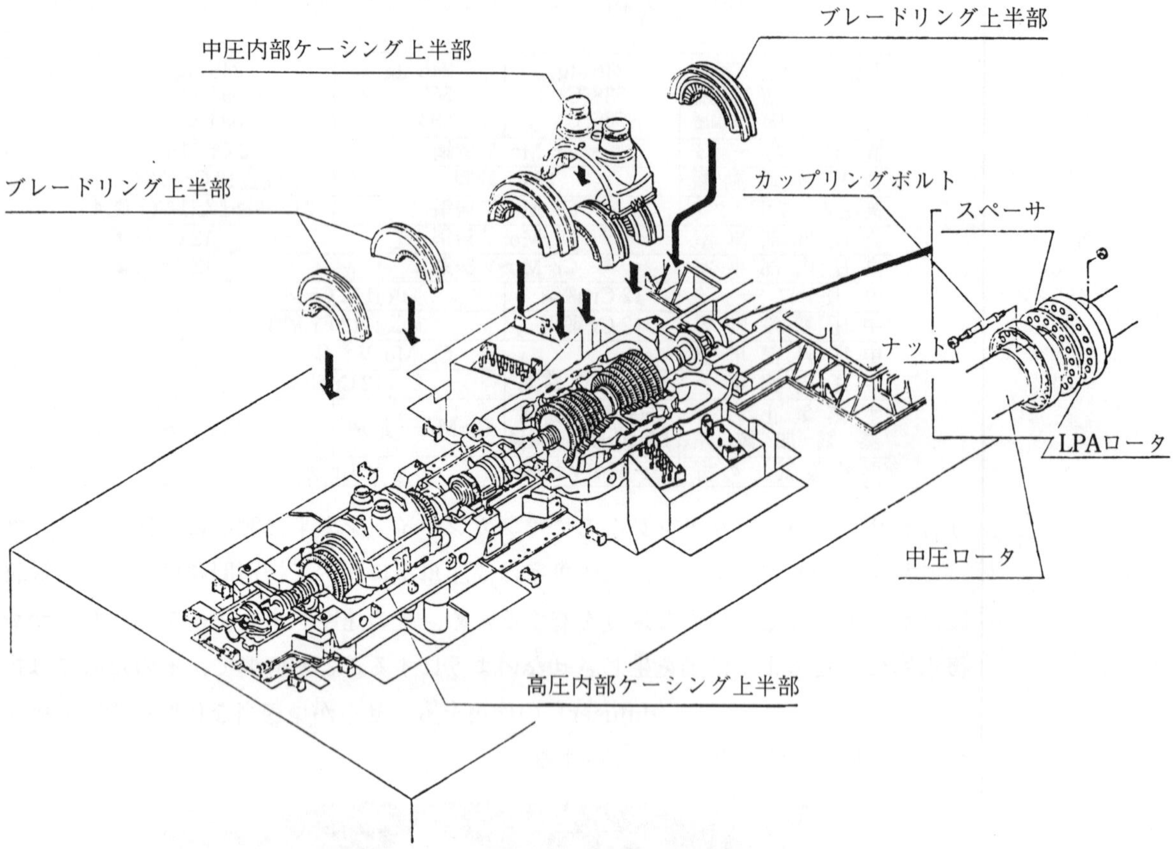

(b)　中・高圧車室上半部組立図

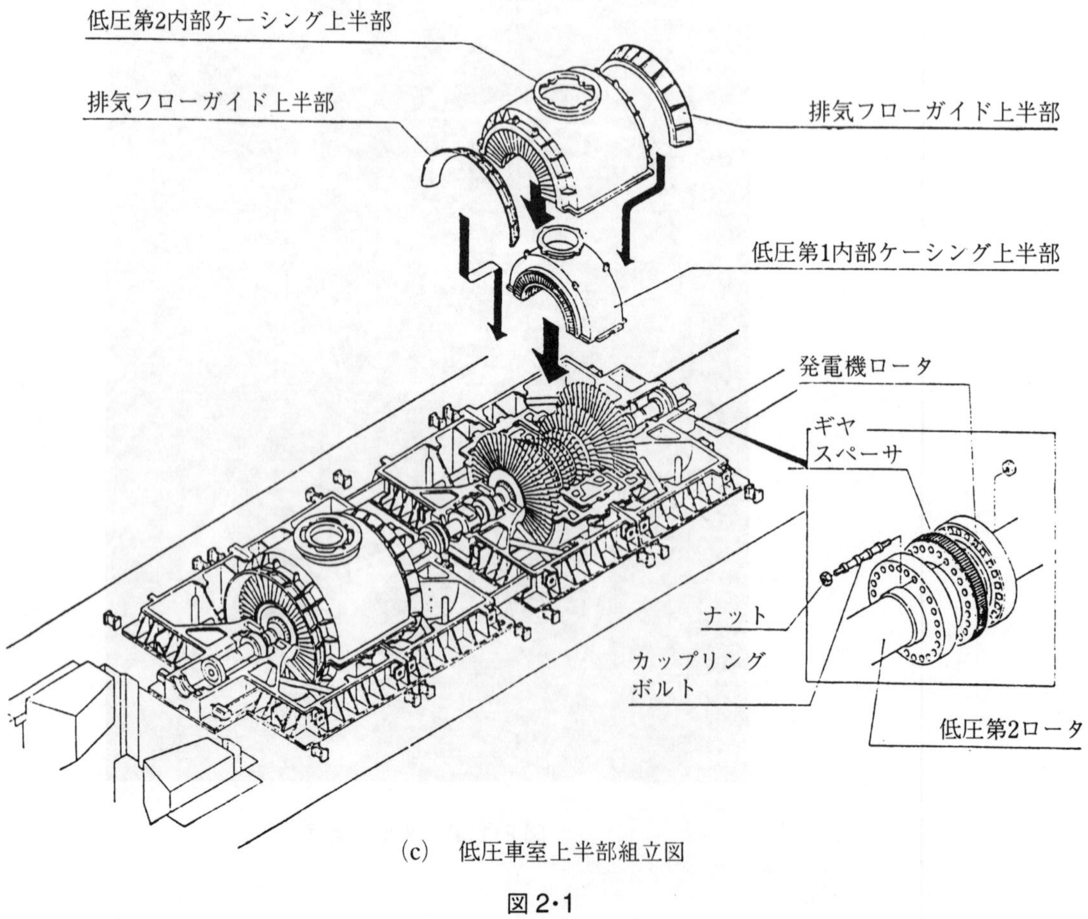

(c)　低圧車室上半部組立図

図 2･1

図 2·1(d)　高中圧外部車室

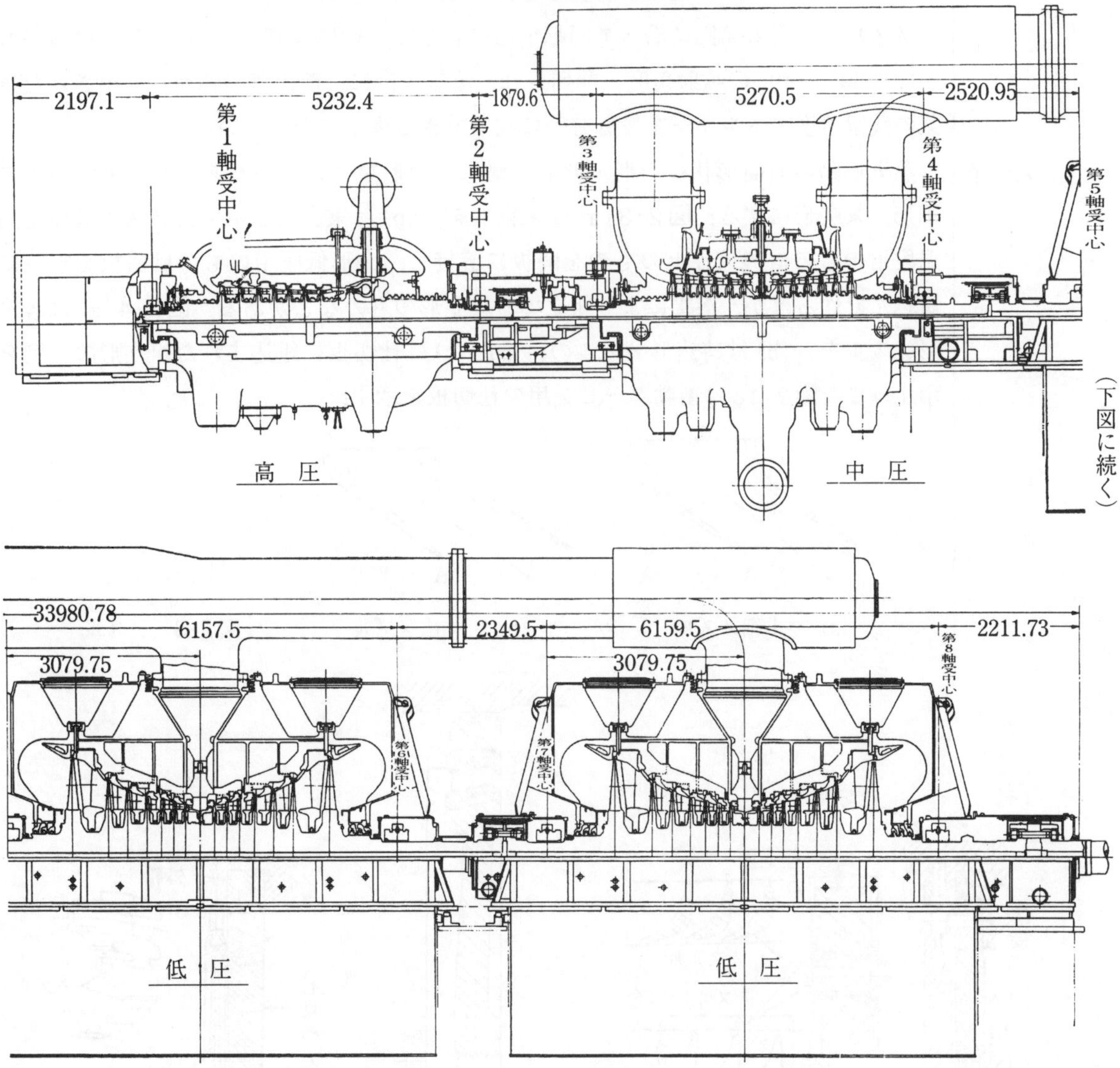

図 2·2　高・中・低圧の車室・翼車（500MW　TC4F－30″）

車室の支持はその膨張が自由に行われ，しかもそのために回転部分との間隔が変わらないような特殊な方法を採用する．図 2·1 および図 2·2 は車室および翼車の説明図を示す．また車室の高温部分はすべて保温が施される．

2・2　ノズル

ノズル

ノズル（nozzle）は固定された通路内で蒸気を膨張させ，熱エネルギーをできるだけ有効に運動のエネルギーに変え，このようにして得られた高速度蒸気を適当な角度で，それに続く翼（blade）に噴射し，なるべく損失なく翼車に駆動力を与えようとするものである．蒸気噴出速度は大体400～800 m/s程度である．

衝動タービン
反動タービン

既述のように衝動タービンではノズルで速度を得，これを翼にあてるだけで翼を通る間は蒸気の膨張はなく，仕事分だけ速度が低下する．反動タービンではノズルで膨張し，速度を得た蒸気がさらに翼を通過する際に膨張する．ノズルの工作の良否はタービンの効率に大きい影響を与える．

ノズルは動翼の節円に沿って回転平面に対して一般には15°～25°，最終段階のものでは30°～40°の噴射角度で配列され，蒸気入口には前段落の翼から射出された蒸気の残留速度エネルギーを最も有効に利用できる構造になっている．

蒸気通路

蒸気通路の断面形状は円形・方形・扇形・台形などいろいろあるが，縦断面は末細形，末広形にする．図2・3(a)は末細形を，(b)は末広形を示す．ノズルは高圧高温段用のものは機械仕上のものを隔板に溶接し，大形低圧用のものは曲板を隔板に鋳込んで作るほか，溶接により組立てる組立形のものなどがある．図2・4(a)は溶接形ノズルを，(b)は鋳込形ノズルの，また(c)は仕切板に組込まれた組立形の一例を示す．また図2・13は衝動タービン用の仕切板を示す．

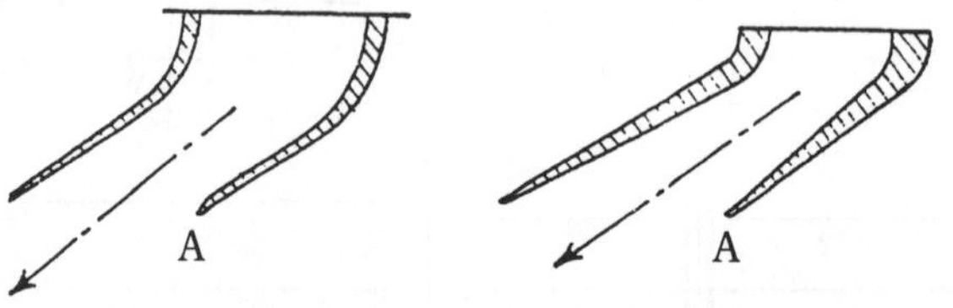

(a)　末細ノズル　　(b)　末広ノズル　　図2・3　ノズル

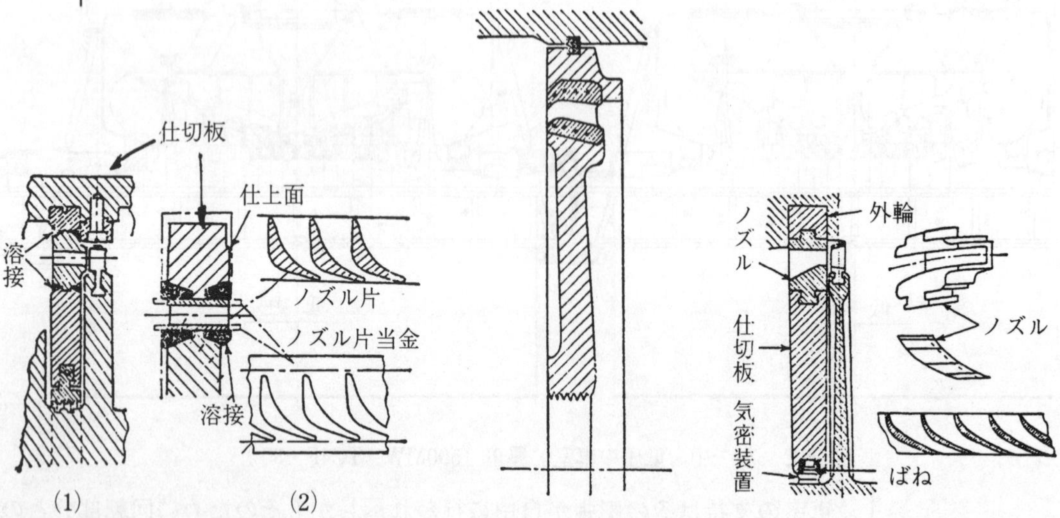

(1)　(2)

(a)　溶接形ノズル　　(b)　鋳込形ノズル　　(c)　組立ノズル

図2・4

2·3 動翼および静翼

両者はノズルとともにタービン効率を左右するのみならず，とくに動翼（moving blade）は強度の問題もあり，運転の安全性および耐久度に直接影響を有するものであるから，蒸気タービンの最も重要な部分である．

翼（blade）

衝動タービンの翼（blade）の断面は普通比較的厚肉の対称に近い半月形の形状をもち，反動タービンの翼の断面は非対称形の薄肉半月形である．**図2・5**(a)は両者の翼断面の比較を示す．また図(b)はその構造を示す．**図2・5**に示す反動翼は最終段のもので，翼の中では最も長いものであるが，図中で長い方が42″（1 067mm）でわが国でも長翼の部類に入る．短い方は33.5″（851mm）のものである．

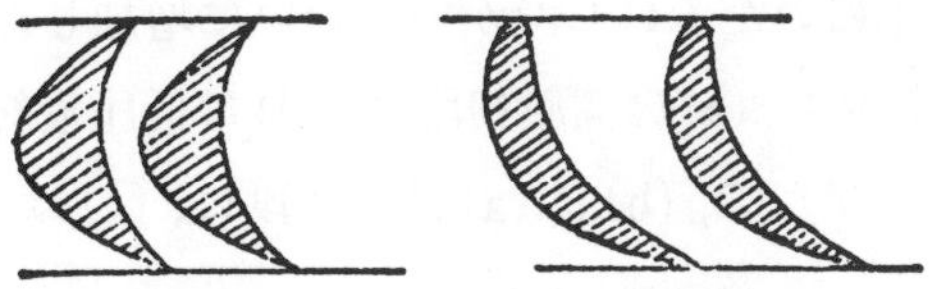

衝動翼　反動翼　(a)　動翼断面図

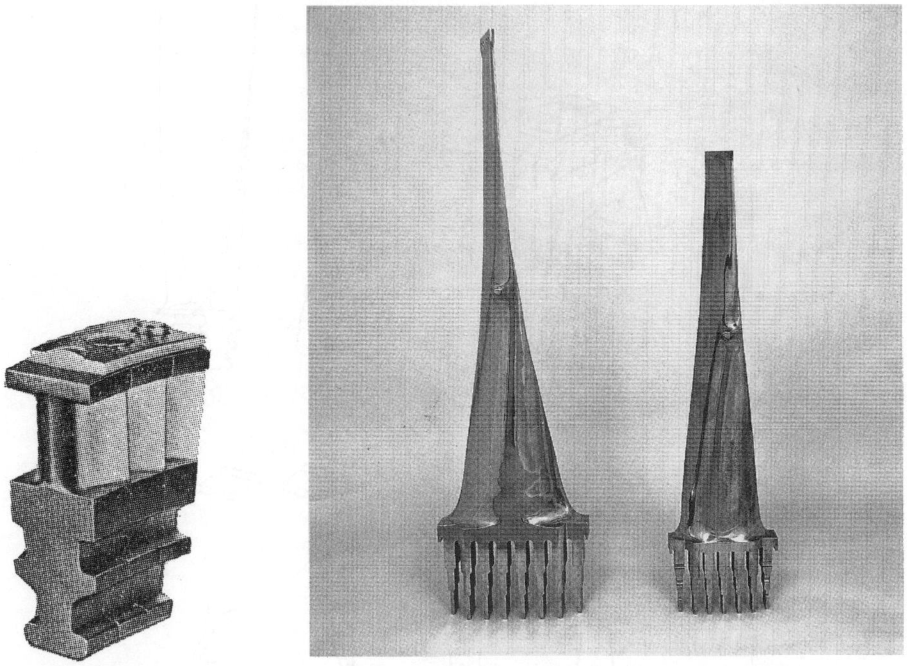

衝動翼　反動翼

図2・5(b)　衝動および反動翼の構造比較

反動タービン

反動タービンでは**図2・6**に示すように，静翼（stationary blade）・動翼の両者で蒸気を膨張させて効率を高めるようにするため，入口角度β_1を出口角度に比べて相当に大きくするのが普通である．これらは翼内でもエネルギーの転換が行われる個所であるため流出端の形状には特別の注意がはらわれている．すなわち翼間の蒸気通路を長さに無関係に末細まりノズル状にし，効率増進の点から流入端の方向を前段落排気の相対速度の方向になるように平行させて，しかも凹面側をできるだけ単半径曲面とし，つとめて流出端の厚さを薄くする．とくに長い翼では根本と先端の周速度が異なるため，流入蒸気との相対速度の関係で，流入速度が異なってくるので先端の入口角度を根本の入口角度よりも大きくした,いわゆるねじり翼が使用される．

ねじり翼

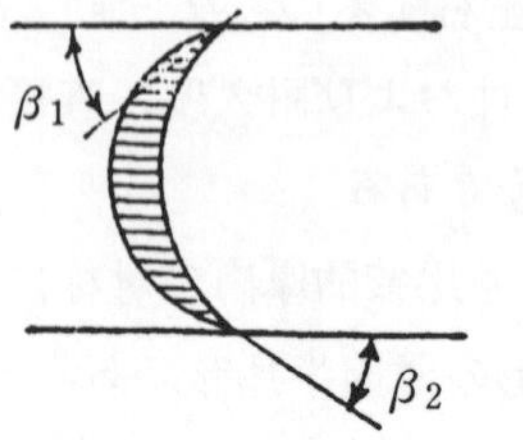

$\beta_1=\beta_2$　衝動タービン
$\beta_1>\beta_2$　反動タービン

図2・6　衝動タービンと反動タービンの翼の出入口角度

これに対して遠心力および蒸気推力に耐え，振動数を高くするために厚さまたは幅を先端から根本にいたるにしたがいしだいに増加したものを傾き翼という．図2・7は各種翼の例を示す．(a)は高圧初段翼，(d)は低圧最終段翼（d_1，d_2は見る方向の違いによる翼の形状）で，(b)は(a)に近い段に，(c)は(d)に近い段に使用されているものである．

傾き翼

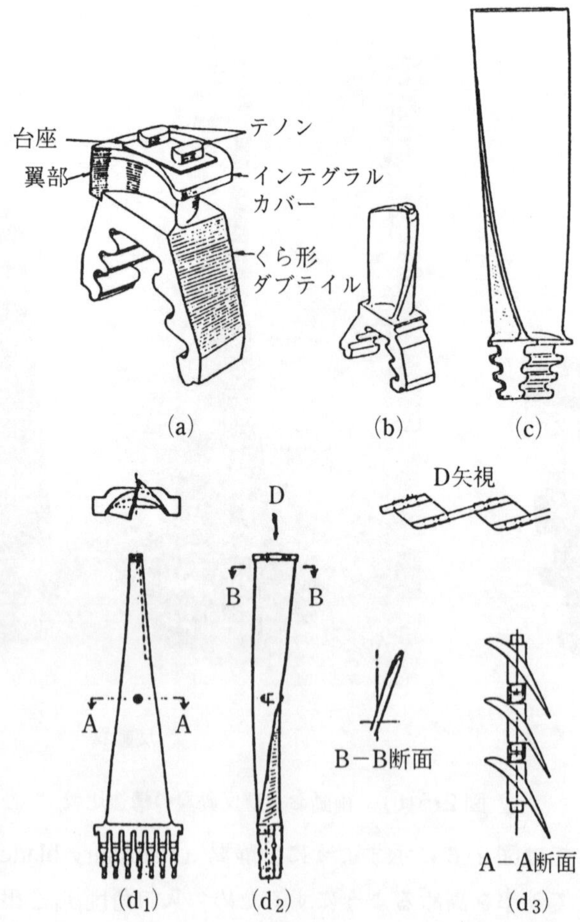

図2・7　各種翼(羽根)の例

翼の材料

翼の材料は表2・1に示したように一般に機械的強度が大で，蒸気または水滴に対する浸食に耐えるニッケル鋼，モリブデン含有ステンレス鋼，12クロム鋼などが用いられる．

翼の取付

シュラウドリング

レーシングワイヤ

翼の取付は図2・8のような方法が採用される．同図の番号の大きいものほど遠心力に対する耐力が大きい取付法である．主として衝動翼，ときには反動翼にも蒸気の溢出および翼個々の振動を防ぐために翼先端に数個を一群として帯金状の縁押え（シュラウドリング　shroudring）をはめ，鋲打ちまたはびょう打ちで固定する．反動翼ではこの代わりに数個を一群として先端に，あるいは長い翼では中途につづり金（レーシングワイヤ　lashing wire）を取付ける．図2・9はこれを示す．また動翼に対しては浸食（erosion）の最もはなはだしい蒸気流入側の先端に近い部分には，浸食に対する抵抗力の大きいステライトなどを溶接またはろう付けして翼を保護する．

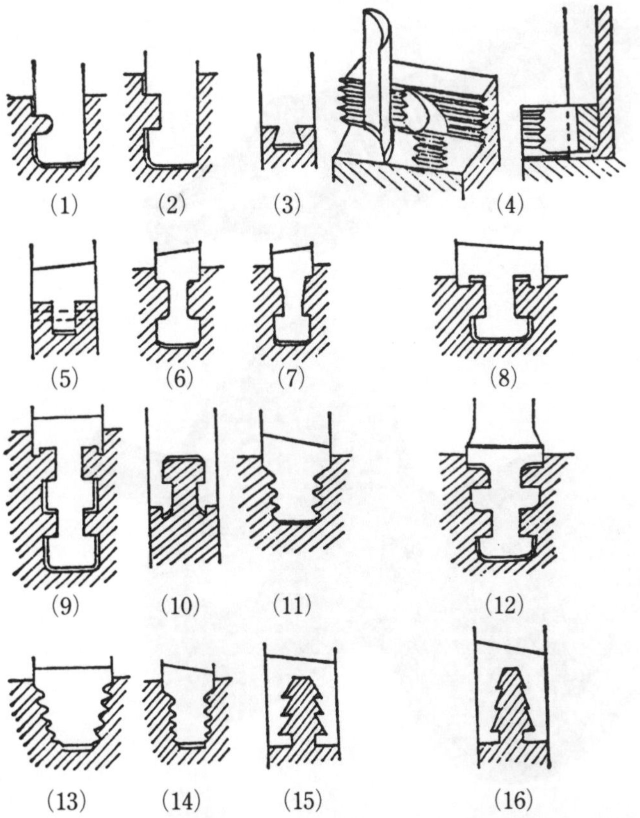

図2・8　翼の固定法

図2・9　シュラウドリングとレーシングワイヤ

2・4　翼　車

車室内に納められて蒸気の作用で回転する部分をいい，図2・10は高中圧翼車を，図2・11は低圧翼車を示す．また図2・12は高圧翼車の衝動段と反動段を示す．

翼車（rotor）

翼車(rotor)の主要部は軸と翼部分であり，小形あるいは高速のタービンではこの両部分が一体の鍛造品から削り出して製作されるが，大形翼車では1枚1枚の翼板と軸をそれぞれ別個に鍛造し，中央の穴に軸を水圧などで押込んで組立てるものが多い．

図2・10　高中圧翼車

図2・11　低圧翼車

翼車は負荷の急変，あるいは冷却状態から短時間に運転できるように温度の急変に対して無理な熱応力が生じないように工夫される．

共振振動

翼車で最も大切なことは共振振動（resonance vibration）である．これについて略述すると，物体にはすべてそれ自体の固有振動数というものがある．その固有振動数が一定の運動と共振すると，非常に大きい振動を生じ，しばしば危険を引起こす．とくにタービンは高速度で回転するので，この点が重視されるわけである．たとえば動翼が共振すると短時間の運転で折損し，翼板が共振するときはクラック（crack）を生じて大きな災害の原因となる．また動翼・翼板および車軸を一括したものが翼車であるが，この翼車全体にも固有振動数（natural frequency）があり，広い意味において発電機回転子と結合した固有振動数がタービンの回転数に近いときは非常な振動を生じ，タービンの運転が不可能になる．この固有振動数をタービンの臨界速度（critical speed）といい，タービンの始動停止の場合に，この臨界速度を通過するときは振動を避けるため，急速にこの点を通過する運転法がとられる．

臨界速度

(a) 衝動段と反動段　　(b) 高圧初段翼

図2·12

翼車の臨界速度は翼の先端で気密を必要とするタービンや，1 800～1 500rpm程度の低速度タービンでは常規回転数の20％以上高くとり，3 000rpm以上の衝動タービンはパッキングのもれと翼板内力の軽減のために，軸を細くして常規回転数の1/2～2/3に定められる．翼車の材料には炭素鋼，ニッケル鋼，ニッケル・クロム鋼，ニッケル・クロム・モリブデン鋼の火造材が主として使われるが，高温にさらされる部分にはとくにほふく（creep）の少ないニッケル・クロム・モリブデン鋼が常用される（表2·1参照）．

2·5 仕切板

圧力複式衝動タービン

仕切板

圧力複式衝動タービンにあっては仕切板（diaphragm）はノズルを保持し，かつタービン車室を仕切って気密を保つ役目をする．そして車軸がこれをつらぬく部分にはパッキング（packing）を設けて気密を保つようになっており，ノズルを一体に鋳込んだものと別につくって組立てたものとがある．仕切板は分解を容易にするため上下に2分されていて，表裏の圧力差による蒸気の推力に耐え，たわみの少なくなるよう十分な強度をもたせる．図2·13はこの例を示す．

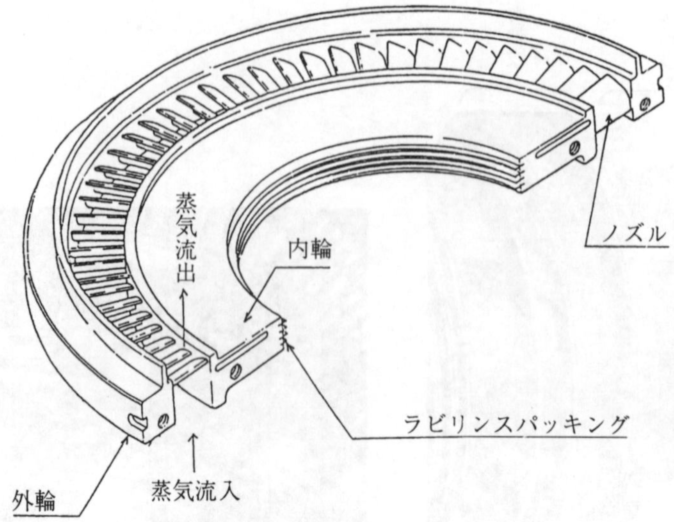

図 2・13 (a) 構造図

(b) 外観図

図 2・13 仕切板

2・6 水滴排除装置

低圧段の蒸気中に含まれる水滴を除去することはタービンの効率向上，タービン内部の浸食防止，とくに周辺速度の大きい翼入口の縁の浸食を防いで，その寿命を長くするうえに効果がある．この水滴の分離にはいろいろの方法がある．**図 2・14** は特殊の案内路を有する環を仕切板，車室あるいは静翼列に取付け，水滴自身の遠心力によって蒸気通路外に分離抽出して復水器に導くものである．

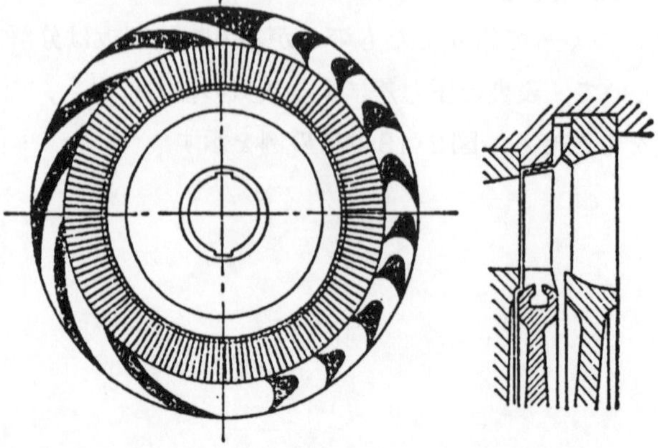

図 2・14 ドレン排除法の例

2·7　気密装置

タービン軸が車室あるいは仕切板を貫通する部分および反動タービンのつりあいピストンには気密を保持するためにパッキングを設ける．パッキングはふつう蒸気のもれを防ぐ役目をするが，復水タービンの低圧側のパッキングは空気の侵入を防ぐために用いる．蒸気が軸受部分に侵入すると潤滑油の作用を害する．このためこれの防止にもパッキングを用いるが，これには炭素パッキング，ラビリンス式，水封じ式の3種類がある．

パッキング

ラビリンス・パッキング

ラビリンス・パッキング（labyrinth packing）は蒸気のもれを防ぐのに最も広く用いられるパッキングで，図2·15に示すように，黄銅あるいは特殊青銅の鋭利な先端をもつ多数のひれを並べて蒸気もれの通路に狭部および拡大部を設けたもので，蒸気が狭部を通過するときに絞られ，拡大部においてその速度が減殺されることをくり返し，大きな圧力差にかかわらずもれ蒸気量をわずかにとどめることができる．

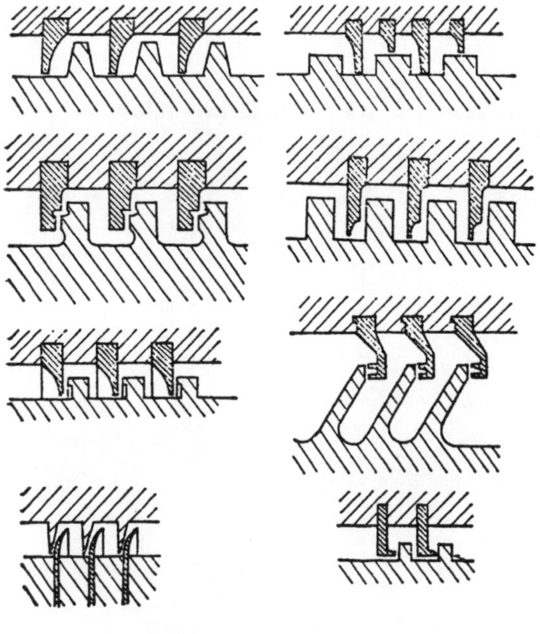

(a)　説明図

(b)　構造例

図2·15　ラビリンス・パッキング

水封じパッキング

水封じパッキング（water sealed packing）は軸に固定してある車を水をみたした室内で回転し，遠心力で室の外周に水を圧してほとんど完全な気密を保たせるものである．図2·16はこれを示す．

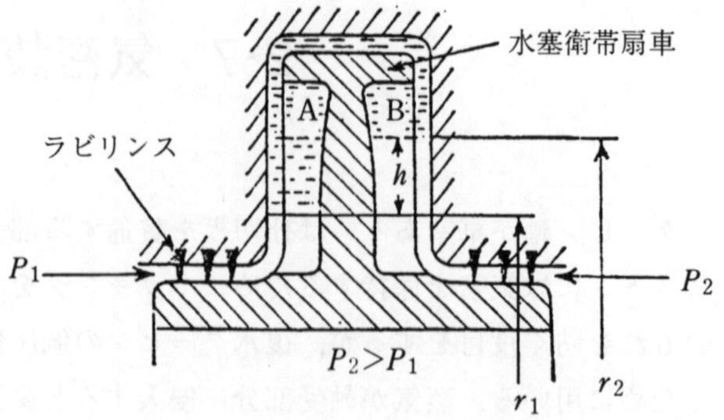

図2·16　水封じパッキング原理図

炭素パッキング　炭素パッキング（carbon packing）は黒鉛に富む炭素を圧縮して作った炭素環を数個の円弧状片に分割し，その外周をばねで締めつけて，一つのパッキング環としたものである．

3　蒸気タービンの特性

3･1　出　力

図3･1において，c_1を噴口を出た蒸気の絶対速度，すなわち蒸気が動翼に流入する絶対速度，w_1をuなる周速度で矢印の方向に運動する翼列に対する蒸気の相対速度，c_2を動翼列を出る蒸気の絶対速度，またw_2を動翼列に対する蒸気の相対速度とすると，

$$h_s=\frac{A}{2g}c_1^2 \tag{3･1}$$

$$h_m=\frac{A}{2g}\left(w_2^2-w_1^2\right) \tag{3･2}$$

$$w_2^2-w_1^2=\frac{\rho}{1-\rho}c_1^2 \tag{3･3}$$

ただし，A　；仕事の熱当量
ρ　；反動度（reaction degree）$=h_m/(h_s+h_m)$
h_s　；噴口または静翼中での熱降下
h_m　；動翼中での熱降下

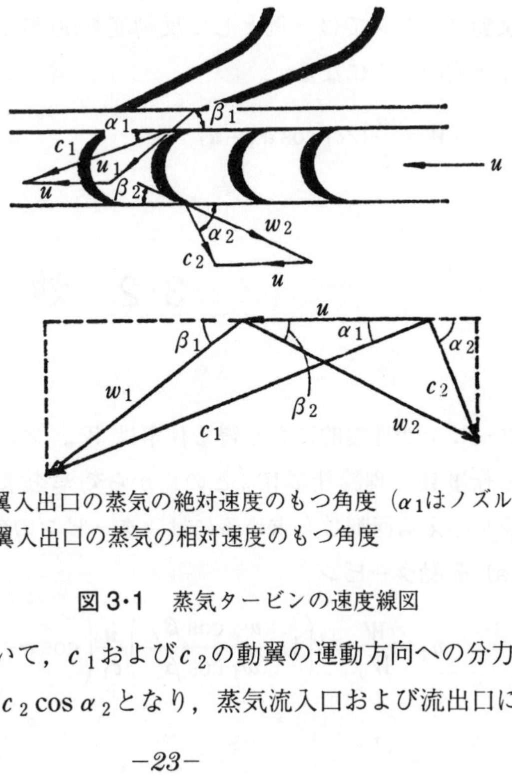

α_1，α_2：動翼入出口の蒸気の絶対速度のもつ角度（α_1はノズルの噴出角度）
β_1，β_2：動翼入出口の蒸気の相対速度のもつ角度

図3･1　蒸気タービンの速度線図

いま図3･1において，c_1およびc_2の動翼の運動方向への分力を求めると，それぞれ$c_1\cos\alpha_1$および$c_2\cos\alpha_2$となり，蒸気流入口および流出口における1kgの蒸気の

u方向分の運動量は $\dfrac{c_1}{g}\cos\alpha_1$，$-\dfrac{c_2}{g}\cos\alpha_2$ となる（gは重力の加速度）．

したがって，この運動量の回転軸に対するモーメントは軸との距離をr_1，r_2とすると $\dfrac{1}{g}r_1c_1\cos\alpha_1$，$-\dfrac{1}{g}r_2c_2\cos\alpha_2$となり回転力は次式で表わされる．

$$T=\frac{1}{g}\left(r_1c_1\cos\alpha_1+r_2c_2\cos\alpha_2\right) \tag{3·4}$$

いま回転の角速度をωとすると，蒸気が翼に対してなす仕事Wは

$$W=T\omega=\frac{\omega}{g}\left(r_1c_1\cos\alpha_1+r_2c_2\cos\alpha_2\right) \tag{3·5}$$

しかるに，$u_1=\omega r_1$，$u_2=\omega r_2$であるから

$$W=\frac{1}{g}\left(u_1c_1\cos\alpha_1+u_2c_2\cos\alpha_2\right) \tag{3·6}$$

式(3·6)は蒸気タービンに対する一般式で，衝動タービン・反動タービンあるいは軸流タービン・ふく流タービンのいずれにも適用される．

軸流タービン

軸流タービンでは$r_1=r_2$，したがって$u_1=u_2=u$であるから

$$W=\frac{u}{g}\left(c_1\cos\alpha_1+c_2\cos\alpha_2\right)=\frac{u}{g}\left(w_1\cos\beta_1+w_2\cos\beta_2\right) \tag{3·7}$$

$$=\frac{1}{2g}\left\{\left(c_1^2-c_2^2\right)+\left(w_2^2-w_1^2\right)\right\} \tag{3·8}$$

衝動タービン

衝動タービンでは動翼が対称的断面をもち，蒸気の速度は噴口中だけで変化するため$\beta_1=\beta_2$となる．また$c_1=c_2$となり，結論的には次式で表わすことができる．

$$W=\frac{2u}{g}\left(c_1\cos\alpha_1-u\right) \tag{3·9}$$

反動タービン

反動タービンでは一例として反動度を50％とし，動翼と静翼の熱降下を等しくすれば次式のようになる．

$$W=\frac{u}{g}\left(2c_1\cos\alpha_1-u\right) \tag{3·10}$$

3·2　効　率

効率
タービンの効率

タービンが理論的になし得る仕事は$W_0=c_1{}^2/2g$であるから，タービンの実際にする仕事Wと理論仕事W_0との比から効率を求めることができる．タービンが最高効率を与える回転数を求めるには，タービンの効率をη_tとすれば

(a) **衝動タービン**

$$\eta_t=\frac{W}{W_0}=2\left(1+\frac{w_2\cos\beta_2}{w_1\cos\beta_1}\right)\frac{u}{c_1}\left(\cos\alpha_1-\frac{u}{c_1}\right) \tag{3·11}$$

これから　$\dfrac{d\eta_t}{d\left(\dfrac{u}{c_1}\right)}=0$ とおいて計算すると，$\dfrac{u}{c_1}=\dfrac{\cos\alpha_1}{2}$

反動タービン

(b) **反動タービン**

$$\eta_t=\frac{W}{W_0}=2\frac{u}{c_1}\cos\alpha_1-\left(\frac{u}{c_1}\right)^2 \tag{3·12}$$

(a) と同様にして計算すると，$\dfrac{u}{c_1}=\cos\alpha_1$

この式において $\alpha_1=0$ であれば $\cos\alpha_1=1$ となり，衝動タービンでは $u/c_1=1/2$，反動タービンでは $u/c_1=1$ となるが，実際には α_1 の値は $9°\sim13°$ くらいであるから $\cos\alpha_1<1$ である．このため最高効率を与える u/c_1 は衝動タービンでは1/2とするのに対し，反動タービンでは反動度 ρ によって変わるが，0.45～0.65の範囲が多い．

線図効率

また上式で示された効率は，蒸気の速度線図から求めることができるため，これを線図効率（diagram efficiency）という．

3·3　速度比とパーソンス係数

タービンの速度比

既述の式からわかるように，η_t は（u/c_1）に対して放物線となり（u/c_1）のある値で最大値となる．このように（u/c_1）は線図効率に最も大きく影響する因子であって，これをタービンの速度比（speed rattio）という．

実際に使われる速度比は単一または多圧力式衝動タービンでは0.3～0.35，速度および圧力複式衝動タービンでは2段速度のものは0.21，3段速度のもの0.13，4段のもの0.11，軸流反動タービン0.75，ふく流反動タービン0.6程度である．

最良速度比

パーソンス係数

線図効率 η_h はまた段落で利用し得るエネルギーからノズル損失，動翼損失，流出速度損失を差引いた値，すなわち翼車周辺におけるエネルギーの周辺仕事の転換率と同じである．図3·2は速度比 $\xi_0=u/c_1$ と反動度 ρ とによって線図効率の変わる有様を示す．これから見ると，一つの段においてはその反動度特有の最良速度比が存在する．多段落蒸気タービンの全体についてもこれと同様に蒸気タービンの形式によって定まる最適値があり，これをパーソンス係数（Parsons design coefficient）といい，K で表わす．パーソンス係数はこれによってタービンの有効効率を推定することが可能な重要な係数である．

$$K=\frac{\sum u^2}{\mu H_a}=\frac{\sum u^2}{H}\quad〔\mathrm{kg\cdot m^2/kcal\cdot s^2}〕 \tag{3·13}$$

ただし，$\sum u^2$；各段の翼の周速度の2乗の和〔m/s〕^{2}

K　；パーソンス係数

u　；再熱係数

H_a　；蒸気タービンの全断熱熱落差〔kcal/kg〕

H　；各段落熱降下の総和〔kcal/kg〕

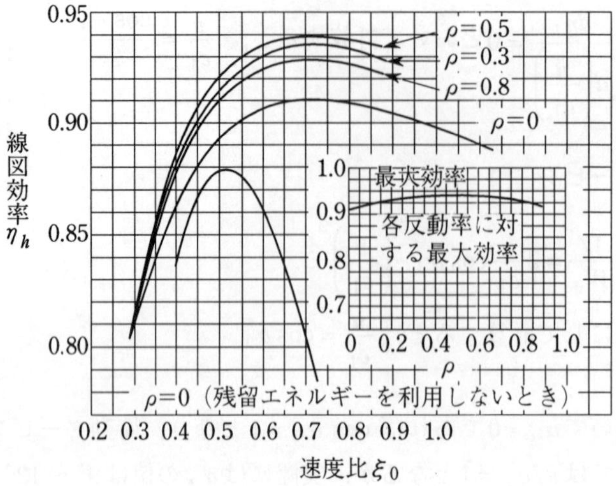

図 3·2　速度比と線図効率

Kの最良値は最良速度比と同じく，各段の反動度が大きいほど大きく，軸流タービンでは大体1 900～3 700ぐらいである．なお多圧単速衝動タービンの最良速度比は通常0.5～0.6の範囲内にある．

3·4　タービンの損失と熱効率

タービン損失

(a) **タービン損失**

タービン内部の損失は

(1) 蒸気がタービン内を流れる際に生ずる摩擦および渦流損

(2) 仕事をした蒸気が動翼を出たときにもっている残留速度損失

(3) 湿り蒸気中に含まれる水滴のブレーキ作用による損失（湿り蒸気では湿度のために生じた水滴が蒸気に比べて比重が大きいため，圧力降下による加速度が小さく流路の曲りにおいて軌道がのびるために大部分が外側の壁に衝突し，このために制動され，その後ふたたび蒸気によって加速される．このため流動損失が増加する．また水滴の速度は蒸気より小さいため，動翼の入口で水滴の一部が回転羽根の背面に浸入してブレーキ作用を起しかつ羽根に機械的損傷を与える）．

(4) 反動タービンでは翼先端の，また衝動タービンでは仕切板の蒸気もれ

(5) 翼車の回転摩擦損および翼における風損

タービン内部損失

タービン内部損失を発生部位ごとに分けると，高圧タービンで25％，中圧タービンで15％，低圧タービンで27％，その他排気損失や機械損失，弁・管などの圧力損失となっている．

また外部損失は

(1) 最終段落における残留損失

(2) 放熱損失

(3) 軸受の摩擦および油ポンプ，調速機回転のための機械損失

などがある．

タービン効率

(b) **タービン効率（有効効率）**

普通タービン効率またはランキンサイクル効率比のことをいい，理論仕事に対する有効仕事の比である．すなわちタービン効率 η_t は初気圧から復水器真空まで（背

圧タービンでは背圧まで）蒸気を断熱膨張させたときの熱量を理論入力とし，この熱量から(a)で述べた損失を引いたもの，すなわちタービン軸端におけるタービン出力を出力として次式で表わす．

$$\eta_t=\frac{860P_T}{Z(i_s-i_e)}\times100\ 〔\%〕 \tag{3·14}$$

ただし，η_t；タービン有効効率（新鋭火力では，84～90 %）

P_T；タービン軸端出力〔kW〕

Z；流入蒸気量〔kg/h〕

i_s；タービン入口における蒸気のもつエンタルピー〔kcal/kg〕

i_e；復水器真空まで熱膨張した状態における蒸気のエンタルピー〔kcal/kg〕（図3·3参照）

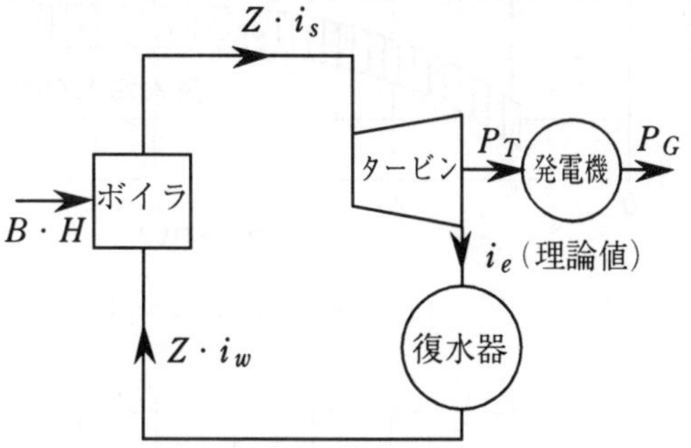

図3·3　熱サイクル

熱サイクル効率

(c) 熱サイクル効率

実際にタービンに加えられた熱量のうち，理論的にどの程度タービンに働くかを表わすものであって次式で示される．

$$\eta_c=\frac{i_s-i_e}{i_s-i_w}\times100\ 〔\%〕 \tag{3·15}$$

ただし，η_c；熱サイクル効率〔%〕（新鋭火力では，43～48%）

i_w；復水のエンタルピー〔kcal/kg〕

図3·4は大容量の η_c を示す．

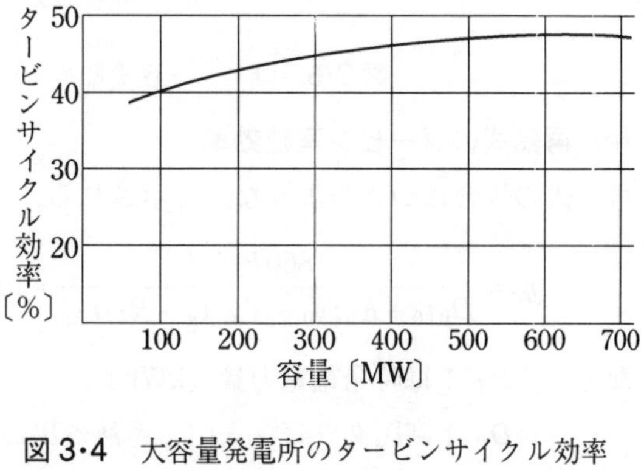

図3·4　大容量発電所のタービンサイクル効率

タービン室熱効率

(d) タービン室熱効率

タービンプラントとして効率を考える場合は熱効率で表わす必要がある．これはタービン軸端におけるタービン出力の熱換算値を，タービン入口における蒸気のもつエンタルピーと復水のもつ熱量との差で表わしたものであって，既述の(b)および(c)で述べた η_t と η_c の積に等しい．したがって熱効率 η_T はタービンプラントで消費される熱量を基礎としたもので，次式で示される．

$$\eta_T = \eta_t \cdot \eta_c = \frac{860\,P_T}{Z(i_s - i_w)} \times 100 \ 〔\%〕 \qquad (3\cdot 16)$$

ただし，η_T；タービン室熱効率〔％〕（新鋭火力では，37～45％）

図3·5は蒸気圧力を加味した容量に対する η_T を示す．

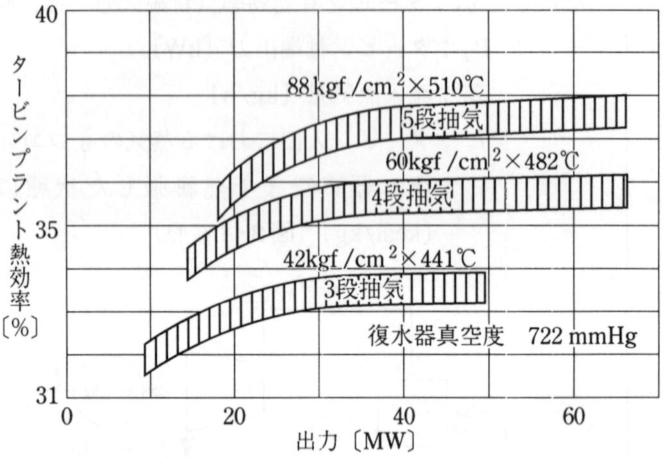

(a)　非再熱形プラント

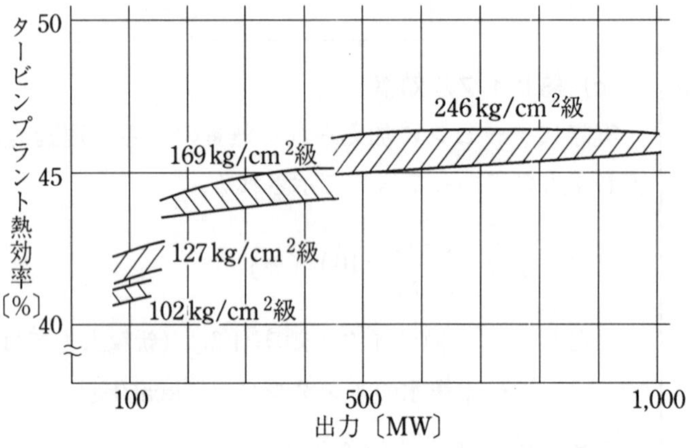

(b)　再熱形プラント

図3·5　ユニット容量とタービンプラント熱効率

再熱式タービン室熱効率

(e) 再熱式のタービン室熱効率

再熱式の場合はつぎのような式で示される．

$$\eta_T = \frac{860P_T}{D_0 i_0 + R_0 i_{R0} - W_F \cdot i_w - R_i \cdot i_{Ri}} \times 100 \ 〔\%〕 \qquad (3\cdot 17)$$

ただし，P_T；毎時発電電力量〔kWh〕

D_0；高圧タービン入口（過熱器出口）の蒸気量〔kg/h〕

i_0；同上における蒸気のもつエンタルピー〔kcal/kg〕

R_0；タービン入口（再熱器出口）における再熱蒸気量〔kg/h〕

i_{R0}；同上における蒸気のもつエンタルピー〔kcal/kg〕

R_i；高圧タービン出口（再熱器入口）の蒸気量〔kg/h〕

i_{Ri}；同上における蒸気のもつエンタルピー〔kcal/kg〕

W_F；ボイラへの給水量〔kcal/kg〕

i_w；同上での給水のもつエンタルピー〔kcal/kg〕

タービンの性能値は**表3·1**に示すとおりである．

表3·1　タービンの性能値

発電端出力		〔MW〕	250	350	450	600
タービン容量	タービン入口圧	〔kg/cm^2〕	169	246	246	246
	主止め弁前温度	〔℃〕	566	538	538	538
	再熱弁前温度	〔℃〕	538	566	566	566
	回転数	〔rpm〕	3 600	3 600	3 600	3 600
	抽気段数		8	8	8	8
タービン室効率		〔%〕	45.72	47.02	46.94	47.07

(f) タービン熱効率の向上対策

復水器で失われる熱量を減ずることが大切である．このため蒸気抽出による給水加熱を行う．この場合，流入蒸気量Zは抽気を行わないときよりも幾分増加するが，タービン熱効率は復水のもつ熱量の代わりに復水および抽気のもつエンタルピーをもって計算されるため，i_wの代わりに加熱されたボイラ給水のもつ熱量を入れて求めた値まで上昇する．

3·5　蒸気消費率と熱消費率

蒸気消費率

(a) 蒸気消費率

1 kWhの電力を発生するために消費する蒸気の消費割合を蒸気消費率といい，次式で示される．

$$z=\frac{Z}{P_T\eta_G}=\frac{860}{(i_s-i_e)\eta_T\eta_G}\quad〔\mathrm{kg/kWh}〕\qquad(3\cdot 18)$$

ただし，z；蒸気消費率〔kg/kWh〕

Z；流入蒸気量〔kg/h〕

P_T；タービン軸端出力〔kW〕

η_G；発電機効率

図3·6は75 000kWタービンにおける蒸気消費率曲線の一例を示す．

熱消費率

(b) 熱消費率（heat rate）

1 kWhの電力を発生するために消費する熱量をいい，次式で示される．

$$j=\frac{Z(i_s-i_w)}{P_T\eta_G}\quad〔\mathrm{kcal/kWh}〕\qquad(3\cdot 19)$$

ただし，j；熱消費率〔kcal/kWh〕

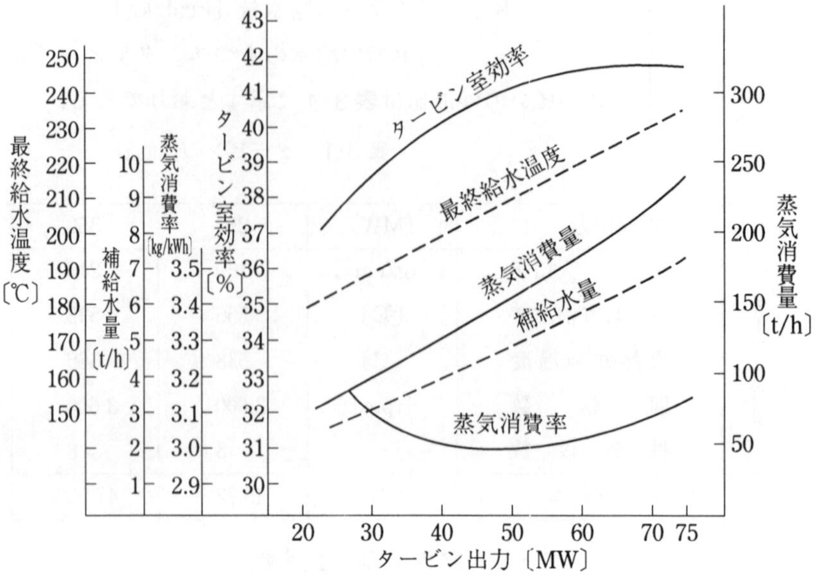

主蒸気圧力　102 kg/m^{2}G
〃　温度　538 ℃
再熱蒸気温度　538 ℃
復水器真空　722 mHg

図 3・6　75 MWタービン蒸気および熱消費量曲線

3・6　蒸気および熱消費率の補正

(a) 蒸気圧力

熱消費率

温度・真空度を一定とした場合，蒸気圧力が高くなると熱消費率は減少する．したがって定格条件に対しては補正の必要がある．その関係を示すと，**表3・2**のようになる．また各種負荷別にこれを示すと，主蒸気圧力の変化に対しては**図3・7**のように，また再熱器圧力の降下に対しては**図3・8**のようになる．(以下，JIS B8102-1995 付属書7より抜粋)

表 3・2　蒸気条件の変化と熱消費率の関係

蒸気温度〔℃〕	蒸気圧力の変化〔kg/cm^{2}G〕	正味熱消費率の減少〔%〕
538/538	101.5 ⟶ 126	1.4
538/538	126 ⟶ 168	1.7
566/538	168 ⟶ 245	1.5
566/566/566	168 ⟶ 245	2.2

(b) 蒸気温度

主蒸気温度の変化に対しては**図3・9**のように，再熱蒸気のそれに対しては**図3・10**のようになる．

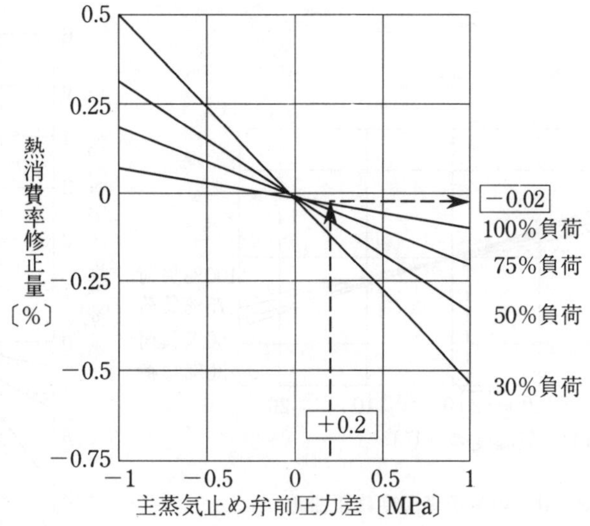

図 3·7　主蒸気圧力修正曲線

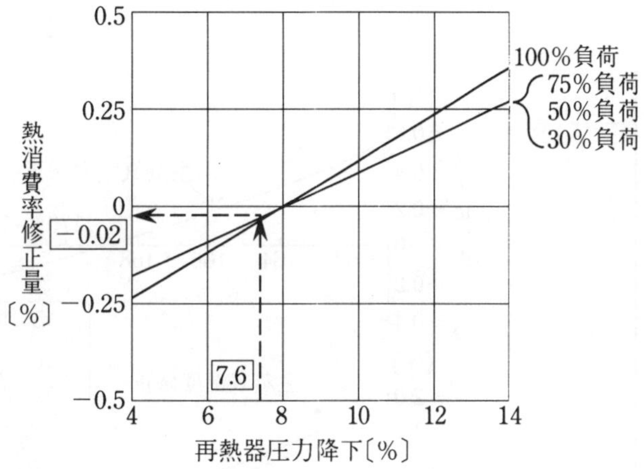

図 3·8　再熱器圧力降下修正曲線

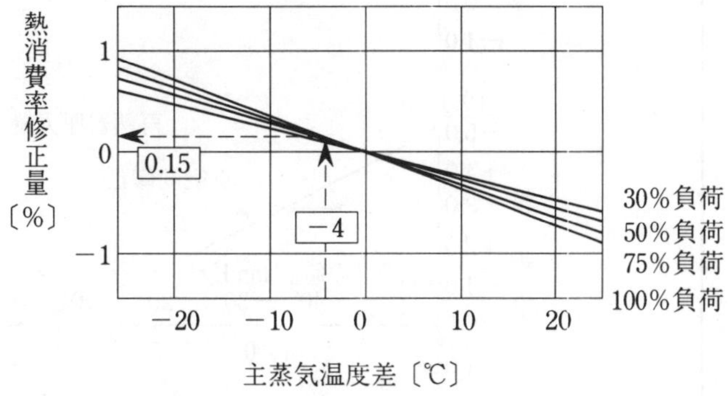

図 3·9　主蒸気温度修正曲線

復水器真空度

(c) 復水器真空度

真空度が上昇すると熱消費率が向上するため，定格条件に対して補正する場合は図 3·11 のようになる．

これらを 350 MW のプラントに例をとったものを図 3·12 に示す．

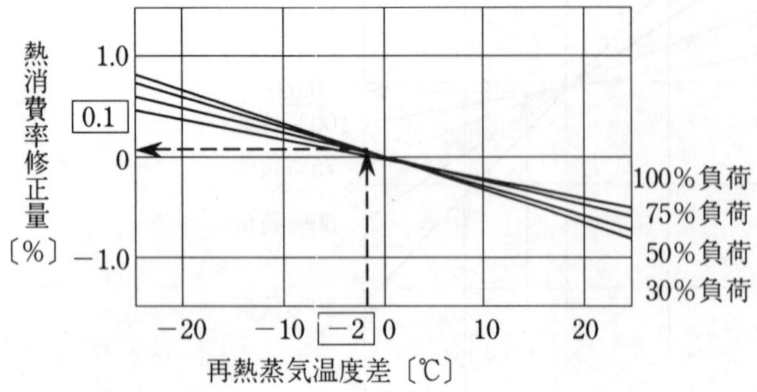

図 3・10　再熱蒸気温度修正曲線

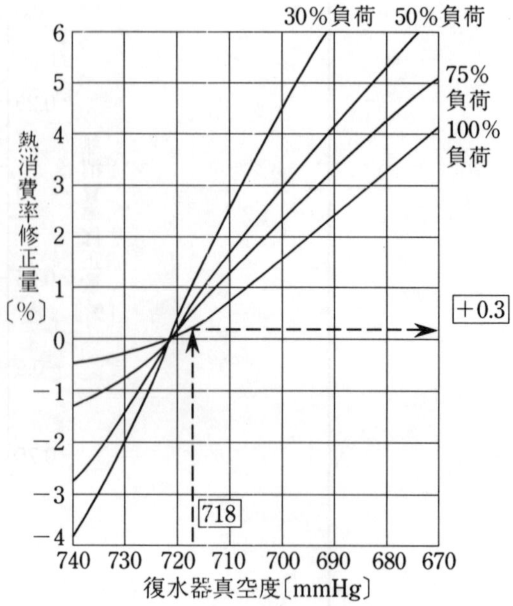

図 3・11　復水器真空度修正曲線

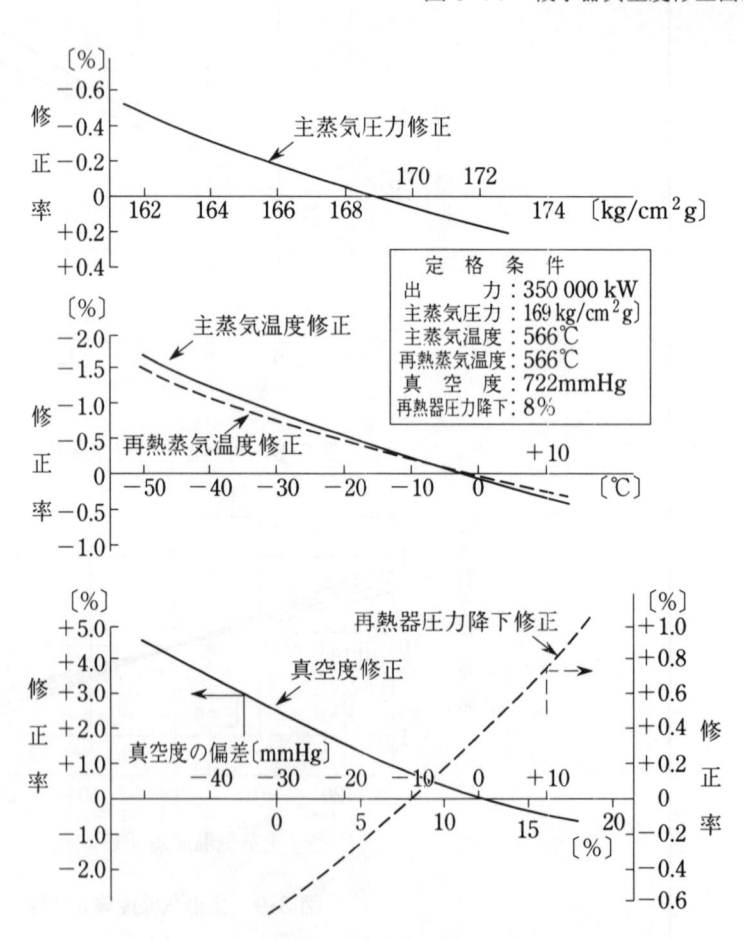

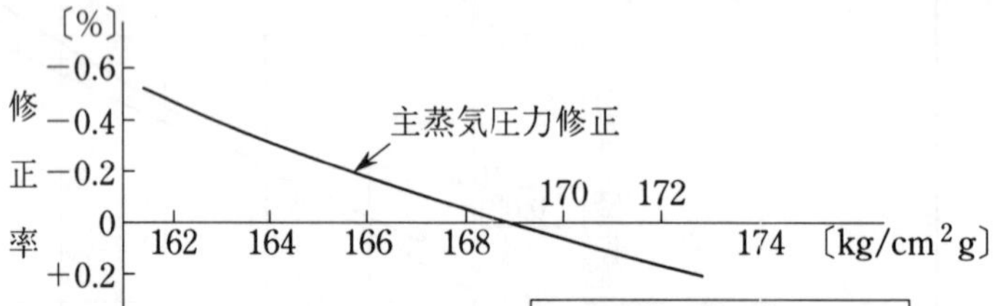

図 3・12　熱消費率修正曲線

3·7　タービン熱消費率に関係する各種設計条件

既述のようにタービン熱消費率に関与するものには蒸気圧力・温度，復水器真空度などがあるが，これらはタービンを選定するときに熱効率の評価に対しても当然重要な条件である．これらについて示すと以下のようになる．

(a) 蒸気圧力と温度

熱消費率

主蒸気圧力・温度の条件によって熱消費率が違う．その模様を図**3·13**(a)に示す．概して高温・高圧の蒸気条件を採用すれば熱効率の高いタービンとなる．しかし材質面で高度の材料が要求されるほか，いろいろの制約もあり，必ずしも理屈どおりにはならない．また各出力別に熱消費率を示すと図**3·13**(b)のようになる．

(b) タービン翼長

排気損失

翼長の違いによる排気損失の比較例を図**3·14**(a)に示す．また600MWタービンでの例を示したのが図(b)である．これによれば長翼のものが短翼のものより排気損失が少ない．長翼を採用すれば損失の少ないタービンとなるが，この翼の長大化に対しては強度の問題から当然大きい制約を受ける．この技術面での研究・開発がなされてしだいに長大化をたどって来たわけで，その変遷は図**3·15**に示すとおりである．現在40～48インチ翼のものが実用されている最長翼である．

また長大化することによって出力の大きいタービンの製作が可能になったわけである．

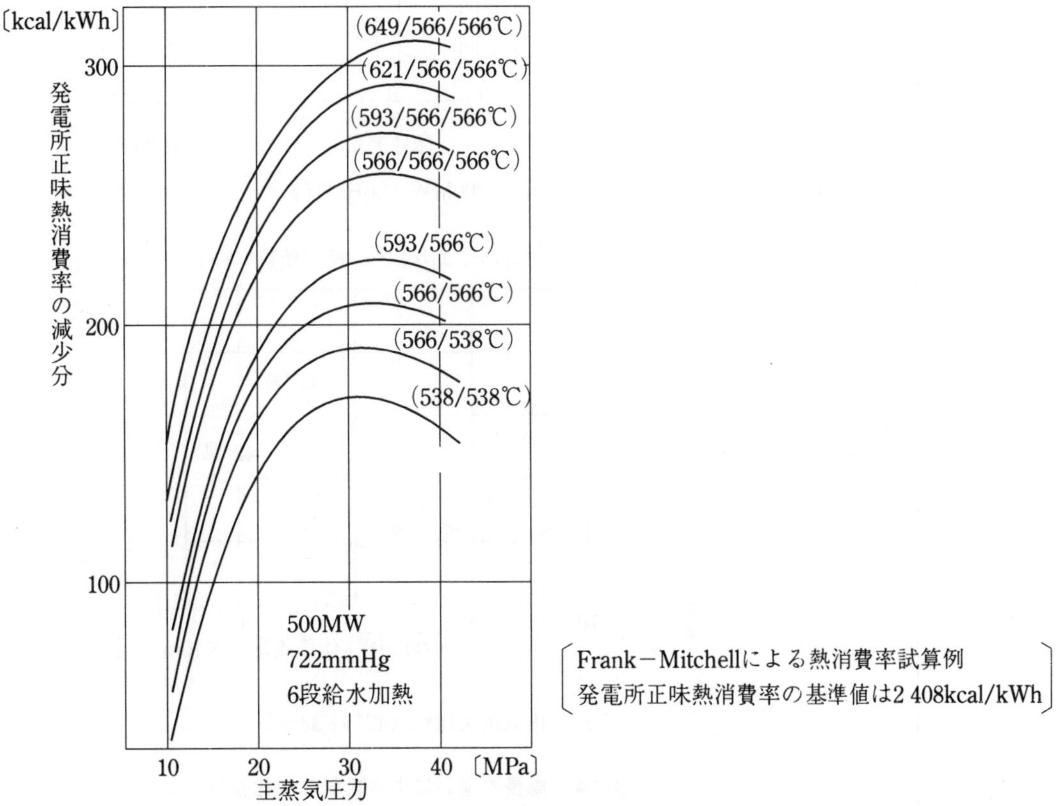

(a)　タービン入口蒸気条件と熱消費率

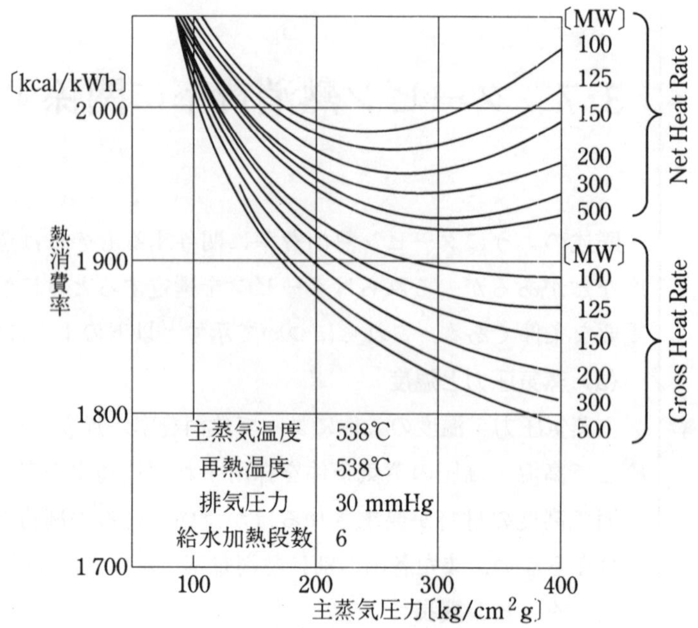

(b)　主蒸気圧力とタービン熱消費率の関係

図 3·13

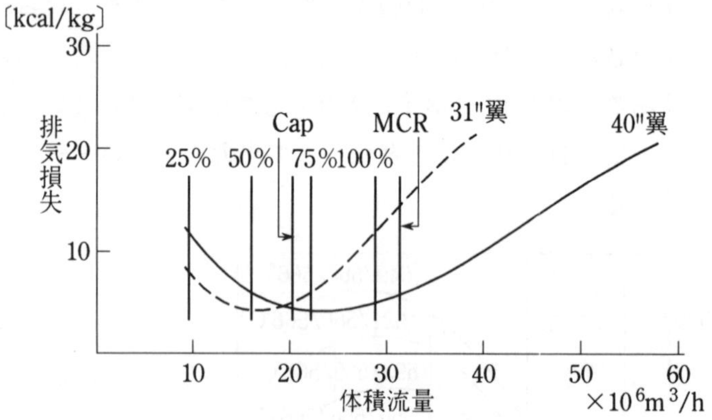

(a)　700MW，50Hzの例

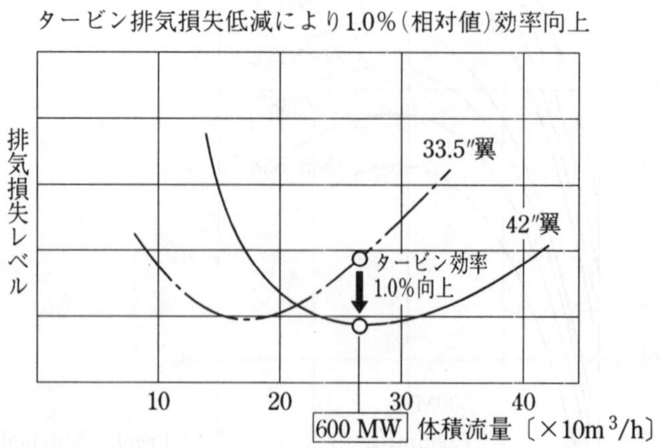

(b)　排気損失比較（42″対 33.5″）

図 3·14　翼長の違いによる排気損失比較例

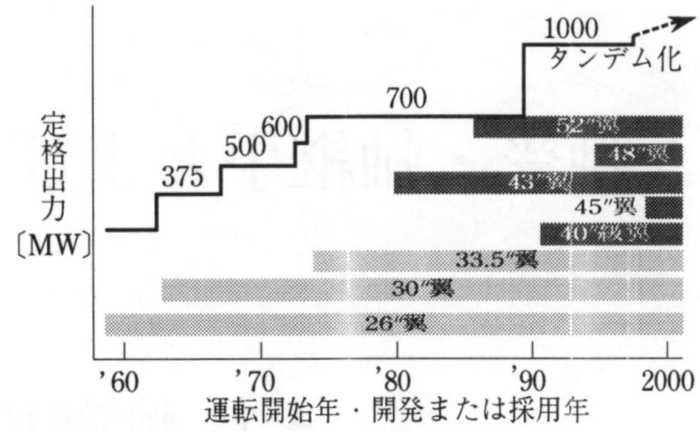

(a)　60Hz機

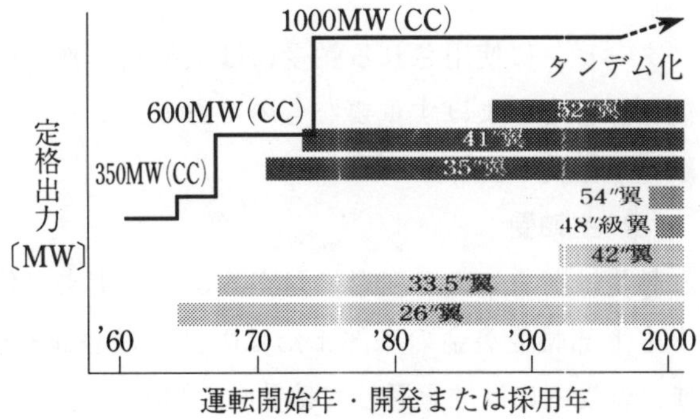

(b)　50Hz機

図 3·15　大容量化の変遷

4 軸受・軸継手および主止め弁

4・1 軸受の構造

タービンに使用される軸受には主軸受と推力軸受がある．軸受はタービンの全機能に影響をおよぼす重要なものである．タービンの回転速度は非常に速いため，一般に平軸受が使用される．

(a) 主軸受

軸受は荷重による変形に耐えるように丈夫に作られるが，普通二つ割とする．しかも下部軸受裏金の底部または両側に軸心調整のためにライナ調節が設けられる．また軸受内には油を通して軸受面の潤滑と同時に温度上昇を防ぐような構造とする．

軸受の遊隙は大体軸直径の1/1 000くらいに選ばれる．タービン軸受の潤滑には一般に押込給油法を採用する．図4・1は軸受の一例を示す．

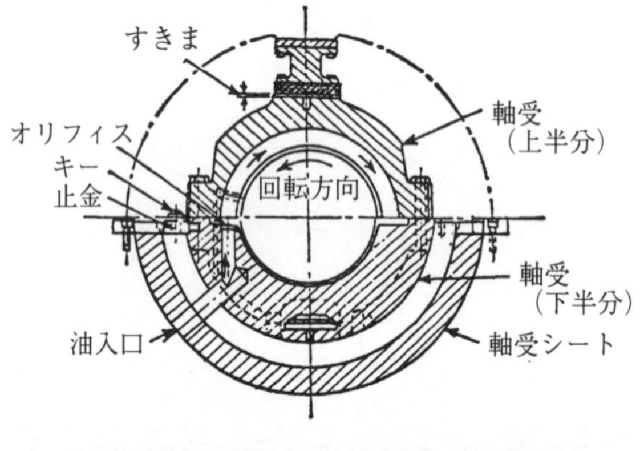

(a) 断面図

(b) 外観図

図4・1 軸 受

推力軸受

(b) 推力軸受

回転軸に作用する軸方向の力を支持し，動きを制限するための軸受が推力軸受

(thrust bearing) で，タービンでは翼車の位置を規正し，つねに動翼と静翼の軸方向間隔を正確に保たせる．

推力

翼車に作用する推力は蒸気の流動による動的なものと，車の部分的圧力差にもとづく静的なものとがある．推力軸受は構造からは多鍔形と単鍔形とに分類され，後者は一般にミッチェル・スラストベアリングと呼ばれる．単鍔形推力軸受は回転側の鍔 (collar) と，数個の扇形片 (pad) に分かれた静止軸受面とからなり，扇形各片はつねにくさび状の油膜を生ずるように，図4·2に示すように線または点支持により鍔に対してわずかに傾斜させる．図4·3は推力軸受の例を示す．

ミッチェル・スラストベアリング

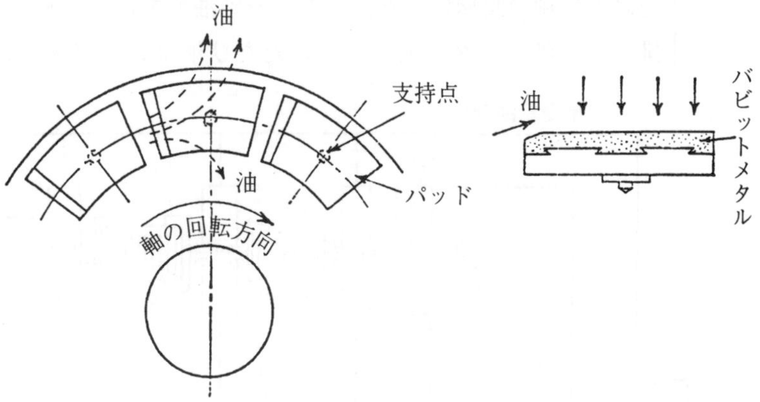

図4·2 推力軸受パット

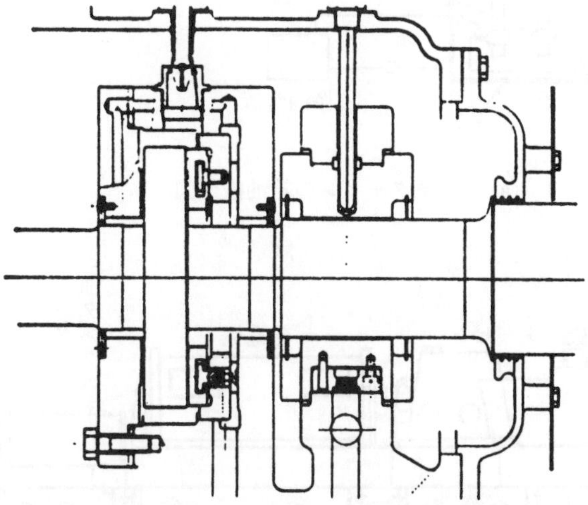

(a) 断面図

(b) 外観図

図4·3 推力軸受

軸受の材料は推力，主軸受とも軸受金は普通すずを主成分とし，銅，アンチモンを若干含む白色減摩合金，いわゆるバビットメタルを鍔に当る部分に適当の厚さに鋳込む．

給油装置

(c) 給油装置

タービンの給油は軸受，調速機駆動歯車装置，ターニングギヤ装置，可とう継手部分などに対する潤滑冷却の総称である．とくに軸受は高速回転体であることと，高温蒸気使用による軸および軸受の高温に伴ない潤滑冷却の必要がある．

油は普通1 kg/cm^{2}くらいの圧力で軸受に給油され，油の粘度・軸受面と油の付着力および軸の回転により，くさび形の油膜を作り，軸を浮かして潤滑し，その油は排油管で油タンクへ返され，ふたたび油ポンプで吸上げられ油冷却器を通って冷

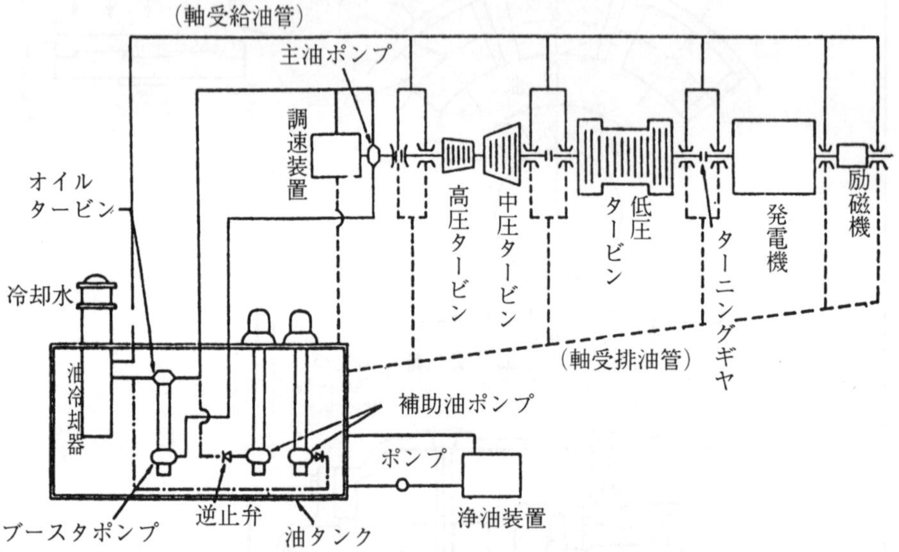

(a)　蒸気タービンの給油概念図

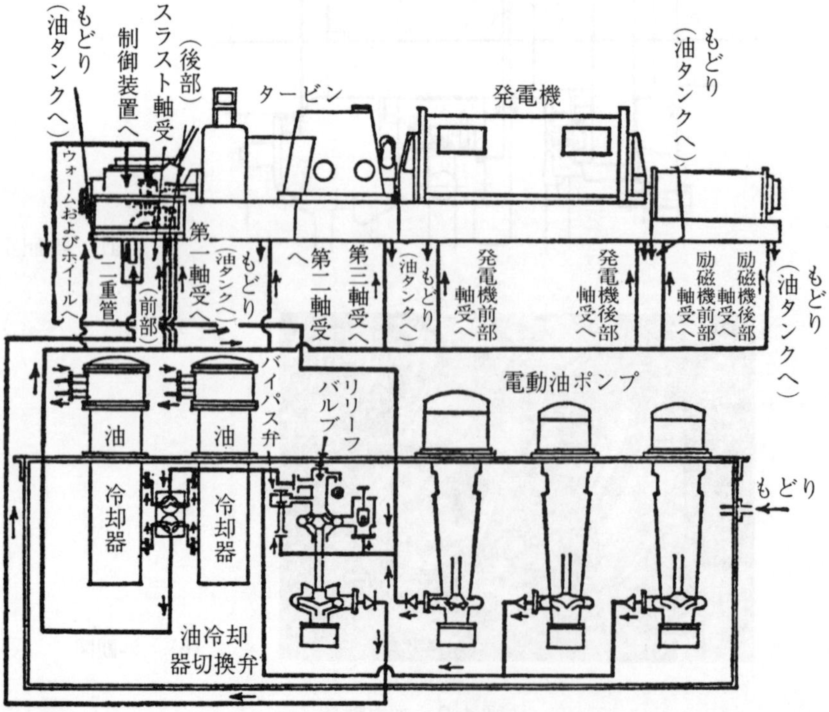

(b)　給油系統図

図4・4

油温度
却され，給油管で軸受などに送られる．油温度は冷却器出口で30～40℃に調整され，車軸部で65℃を限度とし，普通55～60℃を保つように調整する．

給油装置のおもなものは油ポンプ類，油タンク，配管，油清浄器，弁類，換気装置，油冷却器，冷却水ポンプなどである．**図4·4**(a)(b)は給油系統図を示す．

油ポンプ
油ポンプにはタービン軸に直結した主油ポンプが使用される．**図4·5**はこの例を示す．また補助油ポンプとしては電動のギヤポンプが採用され，タービン軸直結油ポンプの油圧低下の場合自動始動する．油清浄器は潤滑油に混入する水分，ごみを除去する．潤滑油としては一般にタービン油と称せられるものを使用し，これは潤滑のほかに水素冷却発電機の水素漏えい防止のためのシール油としても採用される．またタービン関係の制御油，調速油としても使用される．潤滑油は普通鉱油を用い，比重は0.87～0.9，引火点は180℃以上，酸価（試料1mg中に含まれたアルコール可溶性の酸を中和するに要するかせいカリのmg数）は小さい方がよく，0.05mg以下であることが必要である．粘度はレッドウッド式で30℃…180～200秒，50℃…80～90秒，80℃…40～45秒くらいである．

油清浄器

潤滑油

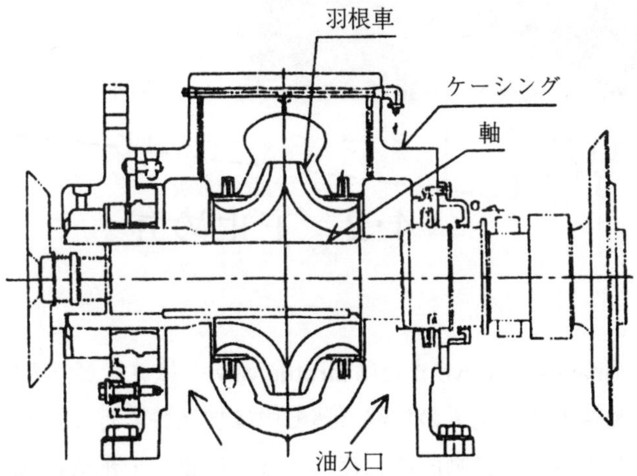

図4·5 主油ポンプ

軸継手
(d) **軸継手**

高低圧タービン，発電機の各軸間継手には直結式と可とう式がある．直結式は両軸に固定された鍔をボルトによって締付けるもので，可とう継手は運転中の温度上昇に伴う膨張差，その他によって起るセンタのくい違いに備えるために連結部に自由度をもたせるもので，若干の軸心のくい違いおよび軸方向の移動に応ずることができ，蒸気タービンには広く用いられる．しかし最近の大容量機では直結式が採用されることが多い．

(e) **ターニングギヤ**（turning gear）

蒸気タービンは始動の場合や停止直後などは，水車と違って熱膨張の影響を考慮する必要がある．すなわち完全冷温状態から運転状態である500℃以上の蒸気をタービンに通せば熱応力をうけてクラックその他の不都合を生ずる．このためタービンはウォーミング（warming）と称する予熱操作を要する（これは蒸気を初めはごくわずかに，しだいに蒸気量を増して各部の温度分布と膨張度を整えながら翼車を静かに回転していく．したがってタービンの始動には長時間と多量の蒸気を要する）．これに対してタービンの始動時に翼車を一様に加熱し，かつ車軸の曲りを避ける目的で低速で翼車を回転する装置が設けられる．これは低圧翼車と発電機間の継手外周

ウォーミング

ターニングギヤ

にギヤを刻み，電動機で駆動するタービン翼車回転装置と連結して低速回転させる．これをターニングギヤといい，最近のものはほとんど連続ターニングが可能であり，タービンが流入蒸気によって回転を開始した場合に自動的に切放される．連続ターニングの場合の回転数は3～25rpm程度である．以上は始動の場合であるがタービンが停止する場合も，流入蒸気が遮断されてそのまま放置すれば翼車が熱のために曲がるので，この防止のためにもターニングが実施される．図4・6はこの例を示す．

図4・6　ターニング装置

4・2　主止め弁

主止め弁

ストレーナ

主止め弁（main stop valve または throttle valve）はタービン入口に設けられる弁で，タービン始動時の蒸気流入の加減（運転中は加減弁で行う）を行い，また危急遮断装置が動作した場合，自動的に急速にこれを閉鎖して蒸気の流入を止める働きをするものである．操作は圧油または機械的に行われ，圧油の場合は操作油圧が規定油圧に達していないと開かないような構造になっているものもある．図4・7はこの構造の一例を示す．主止め弁中には一般にストレーナ（strainer）をおき，タービン内に異物の流入するのを防いでいる．また弁には先行弁（副弁）を付し，開操作に対してまずこれが開き，弁上下の圧力差が少なくなってから主弁が開く．図4・8は主止め弁（MSV）と加減弁（CV）を組合せた例を示す．

全周噴射始動を採用する場合は，これにバイパス弁を設けることがある．

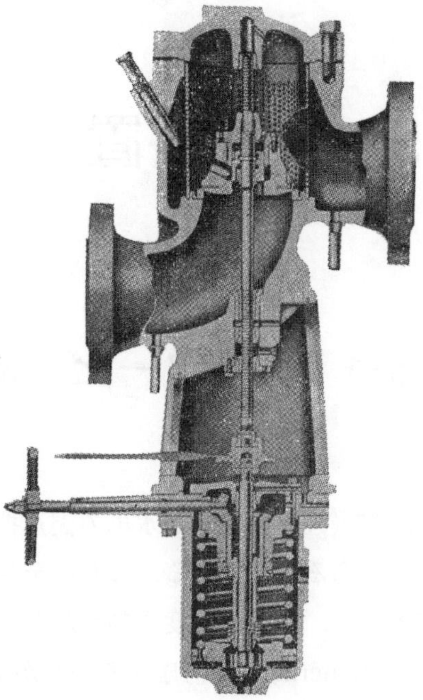

図 4·7　主止め弁

(a)　加減弁(右)，主止め弁(左)外観図

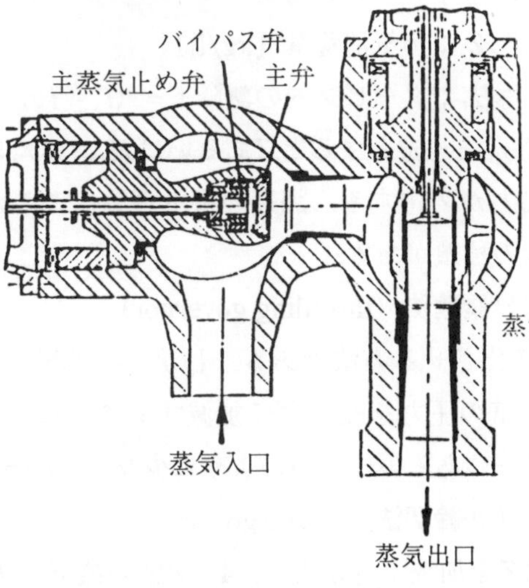

(b)　主蒸気止め弁および蒸気加減弁の構造

図 4·8

5　調速装置

5・1　蒸気タービン調速機

調速機

蒸気タービンの調速機（governor）が水車の調速機と異なる点はダッシュポットがなく，剛性復原だけであることである．これは蒸気タービン発電機は水車発電機に比べて慣性定数が大きく，比較的速度変動が起りにくく，さらに水力発電所における水撃作用（water hammering）を考慮する必要がないので，蒸気タービン主止め弁をきわめて短時間に開閉できるためである．復原機構が剛性復原だけであるため遊びが少なく，そのため不感帯がせまく，さらに蒸気タービン調速機は応動が速いほどよいので，タービンの加速度を検出して早く応動するようになっているものもある．

5・2　調速法

タービン出力P_Tは式(3・16)から次式で表わすことができる．

$$P_T = \frac{\eta_T Z H_r}{860} \quad \text{〔kW〕} \tag{5・1}$$

ただし，η_T；タービン効率

Z；蒸気消費量〔kg/h〕

H_r；タービン内の熱降下＝（$i_s - i_w$）〔kcal/kg〕

上式でη_Tを一定とするとZあるいはH_r，またはZとH_rを同時に変化させればタービンの出力が変化する．調速の根本理論はここから出ているわけであって調速法としては次の種類がある．

調速法

絞り調速法

(a) 絞り調速法（throttling governor）

H_rを変化させる方法である．しかしこの場合Zも付随的に変化する．絞り調速法は流入蒸気の圧力を絞り弁で加減することにより，その流入量を調節する方法で，絞り弁は一つあるいは二つのように少ない．図5・1にこれを示す．

ノズル締切法

(b) ノズル締切法（nozzle governor）

これはZを加減する方法で，4～8個の蒸気加減弁（governing valve）をもち，第1弁から順次負荷に応じて弁を開いて行く方法で，図5・2はこの一例を示す．

絞り-ノズル締切法

(c) 絞り-ノズル締切法

(a)，(b)の両形式を併用した方法である．

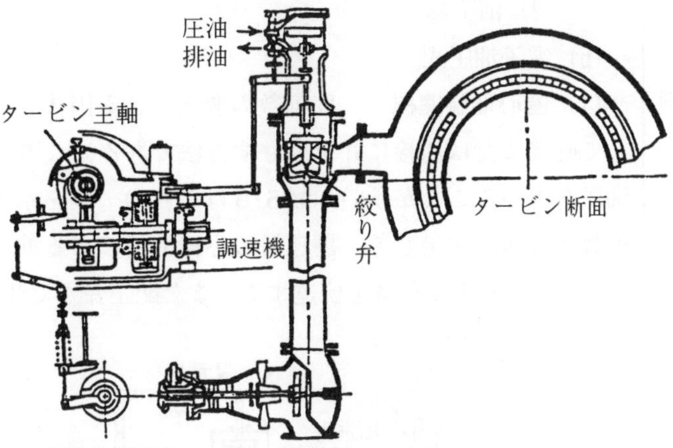

図 5·1　絞り弁調速機構

図 5·2　蒸気加減弁

絞り調速法は構造が簡単で，第1段が反動段でも，また衝動段でも採用できるが，部分負荷における効率低下が大きい．これに対してノズル締切法は構造が複雑なばかりでなく，第1段が衝動段でなければ採用できない．しかし部分負荷における効率低下は少ない．

5·3　調速機

一般に流入蒸気の条件を一定としておくと負荷に変動があった場合タービンの回転数が変化する．回転数を一定すなわち調速するためには回転数の変化をただちに検出する装置とそれによる制御力を受けた蒸気量の加減をする装置が必要である．

調速機

これが調速機であるが，これをハードウェア面から分類するとつぎのようになる．

(a)　機械油圧式

(1) 遠心形

(2) 油圧形

(b) 電子油圧式

遠心形調速機

(1) 遠心形調速機　回転数の変化による固体または液体の遠心力の変化を利用して直接または間接に弁を動かす方法である．このうち間接式でもとくに最近では油圧を用いることが多い．**図5・3**はこれの一例を示す．図において(日)は遠心錘で回転数の偏差を検出して，調速機の心棒上部にある油逃弁(月)で調整油圧が変わり，リレー弁(火)でその変化量を伝達する．また配圧弁(水)でサーボモータを動かす．

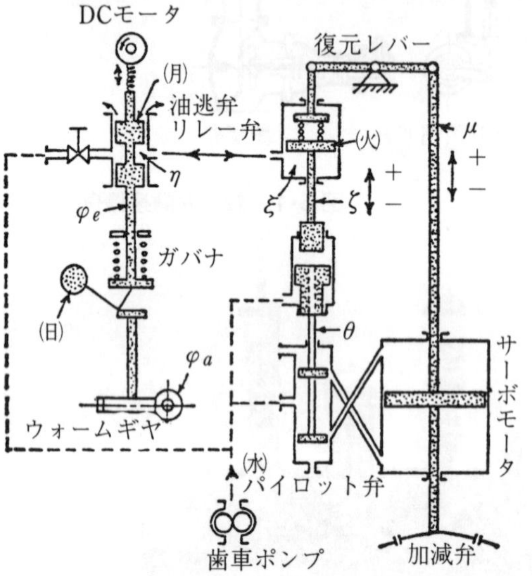

図5・3　遠心形調速機

油圧形調速機

(2) 油圧形調速機　タービン軸に直結された小形ポンプのインペラから吐出される油圧は普通回転速度の2乗に比例して変化する．したがって回転数の変化は油圧の変化となって表われるので，この感度をさらにあげる構造の二次油圧機構を設けてこれを調速指令とする調速機であり，わが国でもこの種のものが採用されている．**図5・4**はこの例を示す．

(3) 電子油圧式（EHG：Electro Hydraulic Governor）　機械油圧式は，タービン速度検出から蒸気弁の調整にいたるまで，機械的検出方式と比較的低圧の制御油圧源を使用したサーボモータパイロット弁による増幅作用によったものであった．

蒸気タービンの単機容量の増大化につれて，負荷遮断のような急激な負荷変化に対して，従来の機械油圧式調速機では最大速度上昇値を定格の110％以下に制御できなくなってきた．そのため高圧油圧（112 kg/cm^2）源により高速度の蒸気弁操作を可能としたサーボ技術と，技術進歩の顕著な電子技術を結合した電子油圧式調速機が生まれた．

電子油圧式調速機

この方式の調速機は，上述の高速制御機能のほかに，

(1) 制御の神経部分に相当する部分を電子回路で構成しているので，制御機能がフレキシブルでタービン昇速，初負荷制御，自動負荷制御，負荷ランバック制御などの諸機能を内蔵することができる．

(2) 上位に位置する制御計算機などと容易にインタフェースできる．

(3) 再熱タービンの場合には，インタセプト弁を短時間閉する制御により発電機励磁装置と協調して電力系統事故時の過渡安定度を向上できる．

などの諸特長がある．

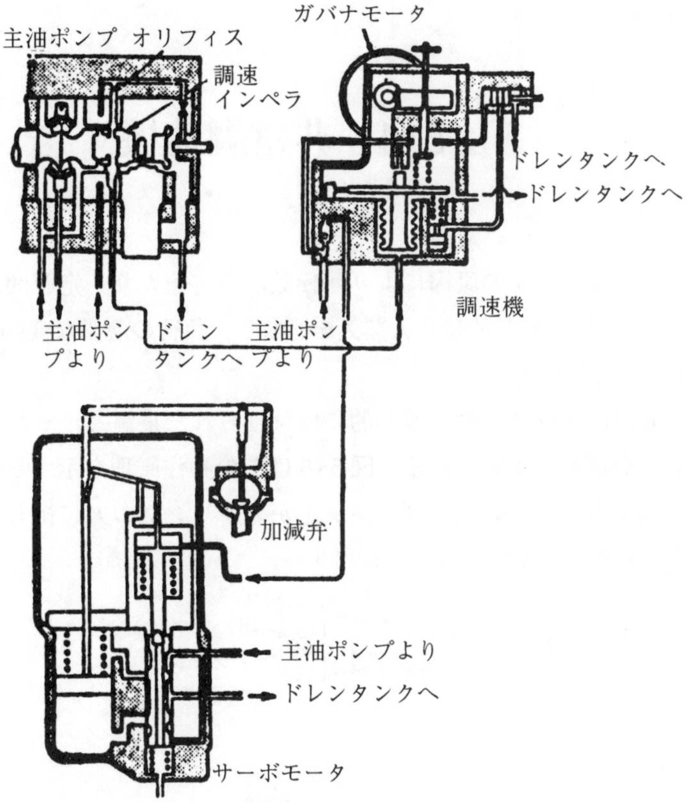

図 5·4　油圧形調速機

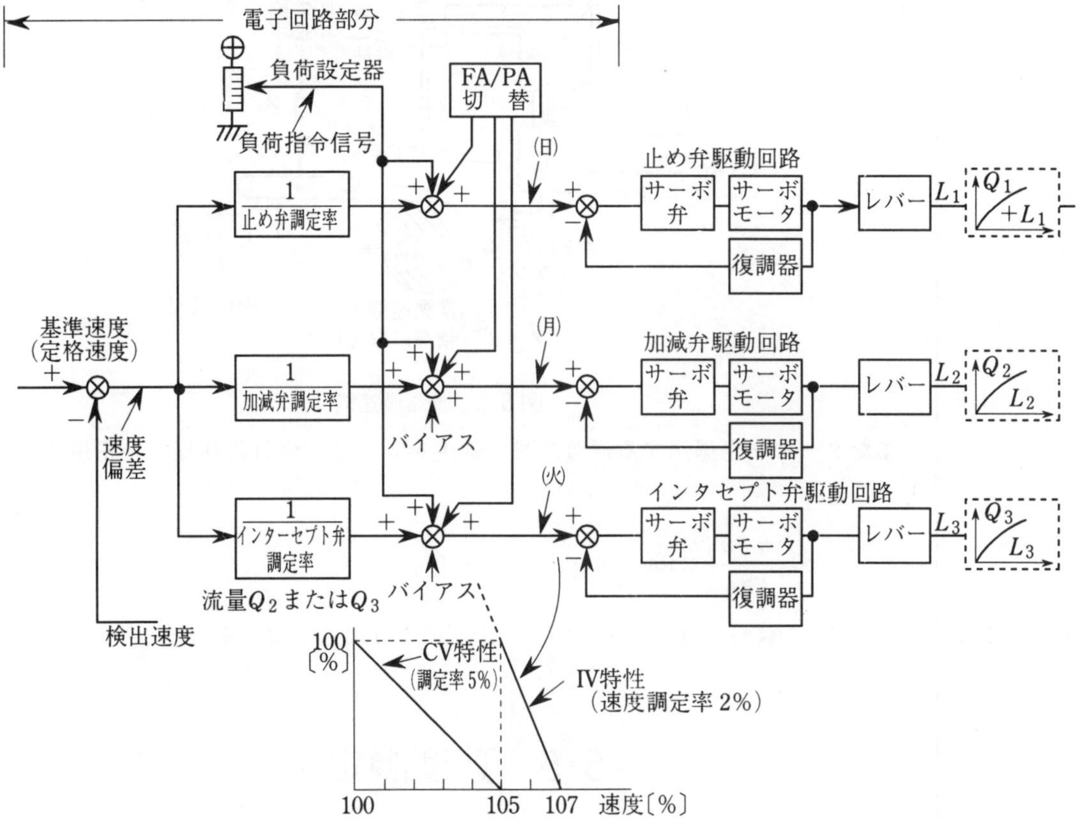

図 5·5　EHGの制御系統図

図5·5に，主蒸気止め弁バイパス弁始動方式のタービンに適用したEHGの制御系統図を示す．速度偏差信号，負荷指令信号，全周噴射／部分噴射切替（FA/PA切替）

信号により，バイパス弁，加減弁，インタセプト弁の開度信号がおのおの得られる方式である．

5·4　非常調速機

タービンがなんらかの原因により回転数が規定値より一定範囲以上上昇した場合(一般には110％)，自動的に流入蒸気を遮断し，負荷の急激な変動あるいは調速機能が害された場合に備える．

この装置にはタービン軸に偏心的に取付けられた重錘と，それを支持するばねからなる遠心形が多く用いられる．**図5·6**はこの動作原理を示すもので，タービンの速度が上昇すると軸に設けたプランジャがスプリングの力に抗して飛出し，レバを押して主止め弁を閉止するように作用する．

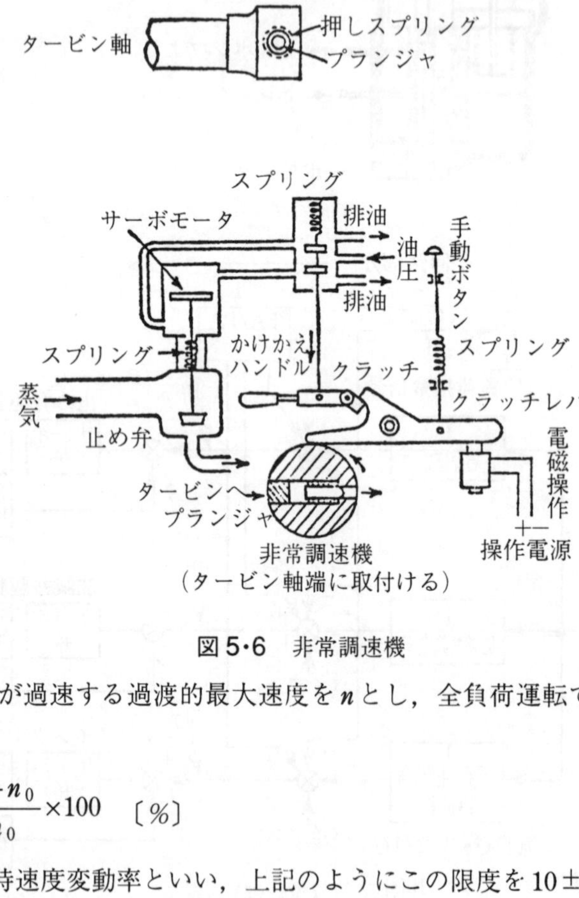

図5·6　非常調速機

またタービンが過速する過渡的最大速度をnとし，全負荷運転での正規速度をn_0とすると

$$\rho=\frac{n-n_0}{n_0}\times 100 \quad 〔\%〕 \qquad (5·2)$$

瞬時速度変動率　で，このρを瞬時速度変動率といい，上記のようにこの限度を10±1％としている．

5·5　速度調定率

水車や蒸気タービンなどの回転速度と出力の間には普通**図5·7**のような関係があり，これを速度出力特性という．速度調定率（speed regulation）αは定格出力で運

（欄外：速度出力特性）

転していたものが無負荷になった場合の速度の変化割合を示すもので，普通次の式で表される．

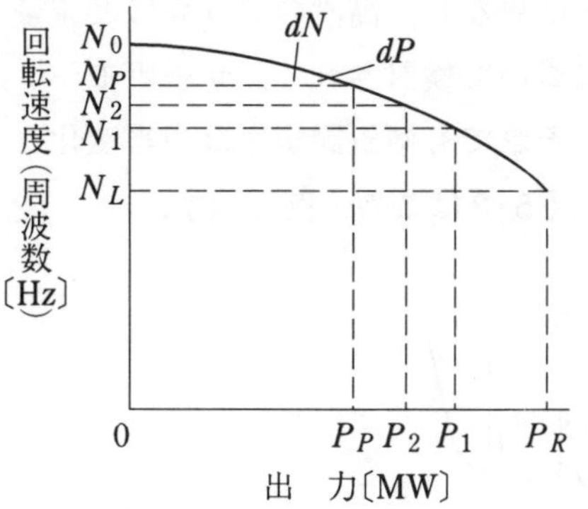

P_R：定格出力　N_L：定格回転数　　図5·7　速度出力特性曲線

$$\alpha = \frac{N_0 - N_L}{N_R} \times 100 \ 〔\%〕 \tag{5·3}$$

ただし，N_0；発電機の無負荷回転数〔rpm〕

N_L；発電機の定格出力時の回転数〔rpm〕

N_R；発電機の定格回転数〔rpm〕

しかし普通の計算に対しては

$$\frac{(N_2 - N_1)}{N_R} \Big/ \frac{(P_1 - P_2)}{P_R} \times 100 \ 〔\%〕 \tag{5·4}$$

を使うとよい．ただし，P_Rは定格出力である．

ところが発電機の回転数と出力の関係は一般にいって図5·7のように直線ではないので，NとPとの傾斜dN/dPの値は出力Pの値によって異なっている．したがって上式で示された速度調定率はPが0から定格出力P_Rの間のdN/dPの平均値$(N_0 - N_L)/P_R$にP_R/N_Pを乗じたものと考えてよい．

速度調定率

AFC制御の特性などを考える場合に，その発電機負荷の変化幅を無負荷から全負荷の範囲に変動する場合には簡便のため上述の速度調定率を考えることもよいが，正確にいうと負荷によって変化するdN/dPの値を用いて回転数と出力の変化を検討する必要もある．このような考えにもとづいた回転数と出力の関係

$$\lim_{\Delta P \to 0} \frac{\Delta N}{\Delta P} \cdot \frac{P_R}{N_R} \times 100 \ 〔\%〕 = \frac{dN}{dP} \cdot \frac{P_R}{N_R} \times 100 \ 〔\%〕 \tag{5·5}$$

傾斜調定率

を傾斜調定率（steady state incremental speed regulation）と称している．

AFC運転

傾斜調定率はAFC運転に対して重要な因子である．たとえば系統内に傾斜調定率の小さい発電所が多数並列されていると，負荷の変化に対応して負荷変化を分担する発電所が多いことになるので系統の周波数変化は少ない．前述のように速度調定率は並行運転を行う場合の負荷分担をきめるもので，速度調定率の大きい調速機と小さい調速機とでは同じ周波数変化に対する負荷分担が異なる．すなわち速度調定率を大きくとっていると負荷分担は少なく，速度調定率を小さくとっていると負荷の分担は大きい．

負荷分担

蒸気タービンの調速機における傾斜調定率は絞り弁によるものの例をあげると，

絞り弁は負荷の増加に従って順次開いていくようになっていて，絞り弁開度と蒸気流量は必ずしも正比例しないうえ，同じ形の絞り弁でも1段目と2段目では開度変化に対する蒸気流量変化は異なり，高段の絞り弁ほど流量変化が減少する．このため弁の形状，カムの形について検討されて，サーボモータの動きと流量が比例するように作られているが，それでも傾斜調定率は相当変化し，とくに絞り弁の変る付近では著しく変化する．図5･8はこの一例を示す．

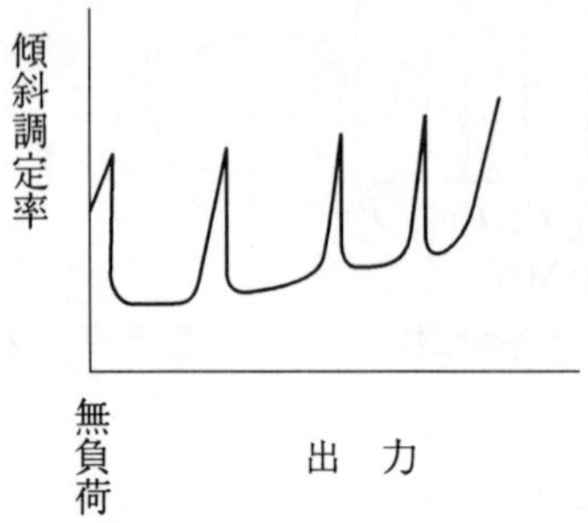

図5･8　蒸気タービン調速機傾斜調定率

最近では電気油圧式調速機が用いられ，前述のような欠点は改善されている．

6　各種タービン

ここで述べるタービンは現在では一般普遍化しているもので，ことさら改めて取上げるほどのことはないが，一応基本形の変形という意味でここに述べることにする．

6・1　再熱タービン

蒸気圧力を高めると火力発電所の熱効率を高めることができるが，図6・1(a)のような非再熱タービンではこうするとタービン内で蒸気が早く湿り蒸気となる．蒸気の湿り度が増加するとタービン効率が下がり，またとくに高速機では図6・2の例のように低圧段タービン翼の浸食がはなはだしくなる．これらの欠点を除くためには過熱して蒸気温度を高めればよいが，それにはある限度がある．このため高圧機においては図6・3(a)のようにタービン内で一部膨張した蒸気をタービンから取出して，再加熱してふたたびタービン低圧段に戻すことが考えられる．これが再熱タービン(reheating turbine)(図6・1(b))であるが，最近では75MW級以上のタービンはほとんど再熱式のタービンが採用されている．

再熱タービン

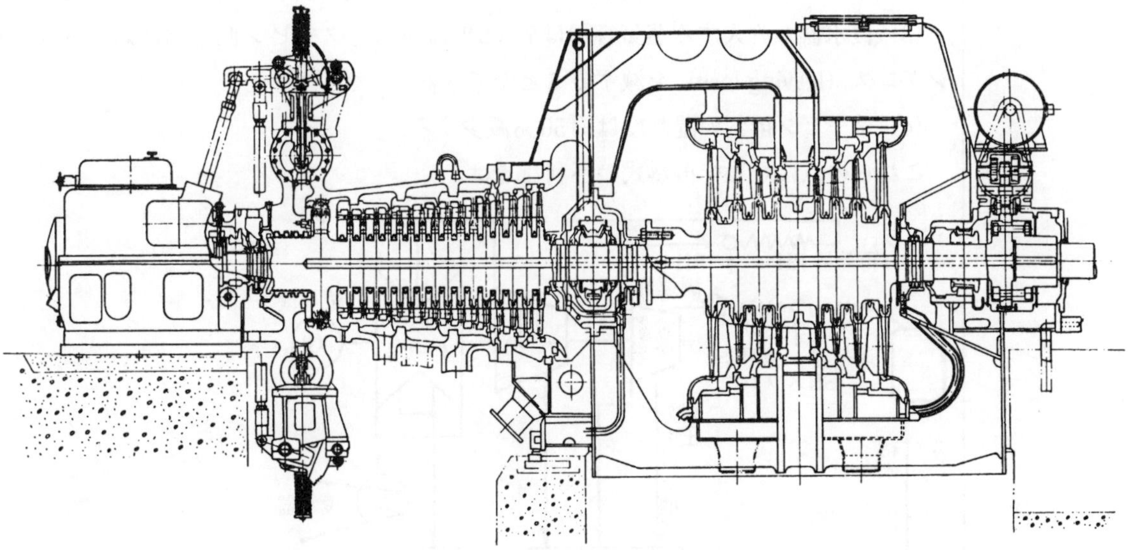

(a)　非再熱タービン

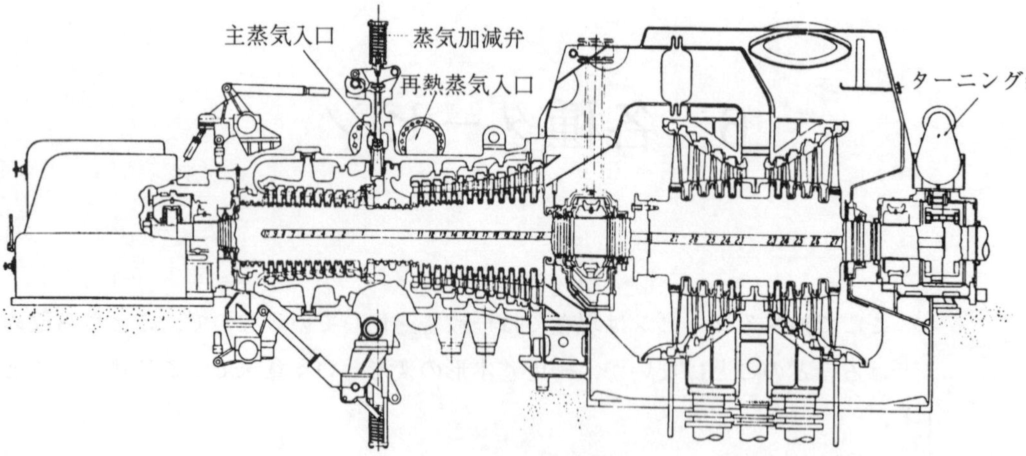

(b)　再熱タービン

図 6·1

図 6·2　低圧段翼の侵食例

再熱式の採用による利点はつぎのとおりである．

(1) タービンの適当な膨張過程から初気温度まで再熱すれば，熱効率が同一の蒸気条件で非再熱式のものより4～5％上昇し，燃料の消費を節約することができる．

(2) タービンの蒸気消費量は15～18％減少するのでボイラおよび復水・給水処理装置の容量を軽減し，かつ給水ポンプなどの補機動力を節減することができる．

(3) 復水器へ流入する蒸気容積は7～8％減少し，タービン低圧端におけるリービングロス（leaving loss）を減ずることができる．

(4) タービン排気の湿り度は約50％減少する．

これらの点に対して再熱式の不利な点は

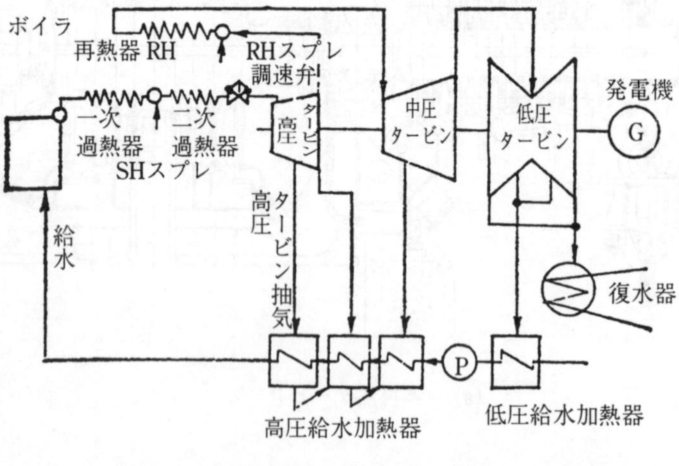

図 6·3(a)　再熱タービン系統概念図

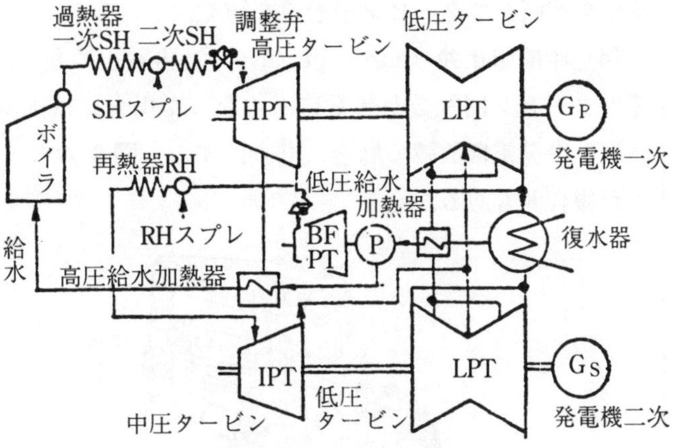

クロスコンパウンド形

(a) 再熱タービン系統概念図

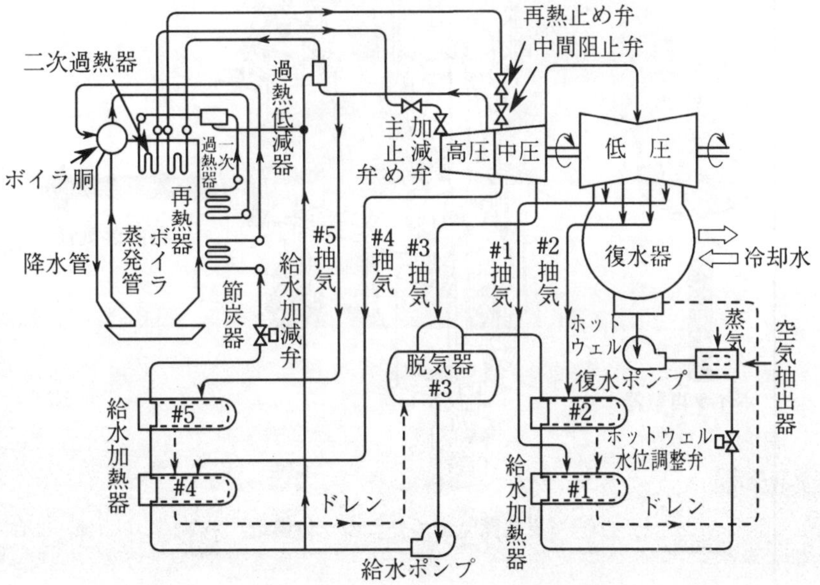

図6・3 (b) 水および蒸気循環系統の概要

(1) ボイラに再熱器を設備し，かつタービンの構造がやや複雑となり，またタービンとボイラを連絡する再熱蒸気管の費用が増加する．

(2) 運転ならびに制御がやや複雑となる．

(3) タービンの全長はやや長くなり，また中間阻止弁および再熱器の配置のため床面積はやや大きくなる．

図6・3(b) および**図6・5**は再熱タービンの蒸気系統および付属弁の関係位置を示す．

主止め弁

(1) 主止め弁（main stop valve）　非再熱式の場合と同じくタービン入口に設けられた弁で運転中は全開であるが，タービンや発電機が故障の場合，全閉して蒸気を遮断してタービンを急停止する．

加減弁

(2) 加減弁（governing valve）　主止め弁の直後にあり，調速機によって動かされる弁で，タービンへの蒸気流入量を加減する役目をもっている．これは非再熱式の場合も同様である．

再熱止め弁

(3) 再熱止め弁（reheat stop valve）　再熱蒸気が中圧タービンに入るところにおかれる弁で，運転中は全開であるが，タービンや発電機の事故時に全閉して再熱蒸気を遮断してタービンの過速を防ぐ．

中間阻止弁

(4) 中間阻止弁（intercept valve） 再熱止め弁と同様，平常運転中は全開しているがタービン回転数が非常に高くなった場合には加減弁と同様に閉止する．またタービンや発電機故障の場合にも全閉する．図6·4のように(3)と(4)を一体弁に組込んだ複合弁もある．

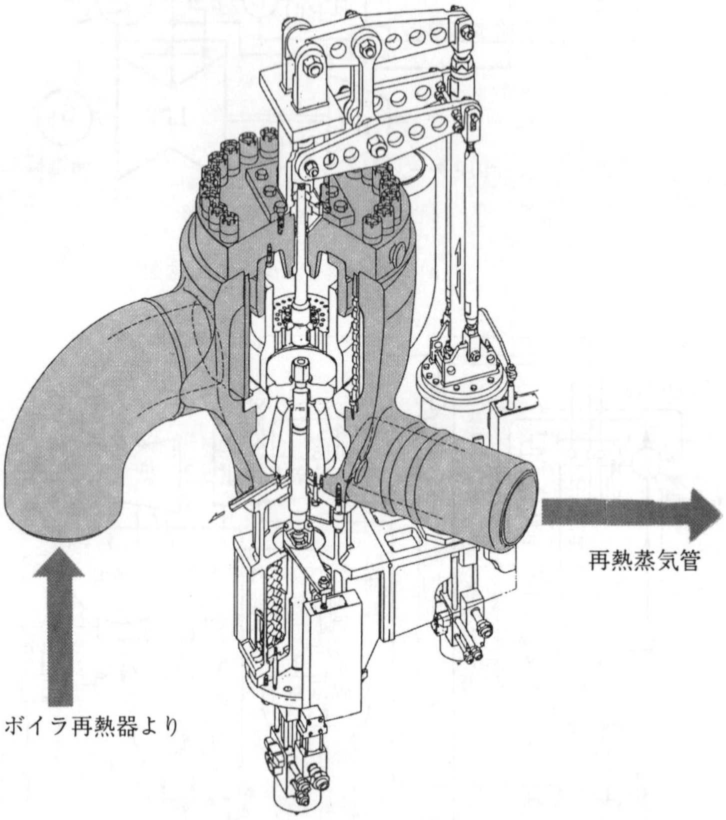

（再熱蒸気止め弁との一体構造） (a) インタセプト弁の一例

(b) インタセプト弁

図6·4

ダンプ弁

(5) ダンプ弁 発電機負荷がなくなった場合，再熱器および途中の管中に残るエネルギーを多量にもった蒸気が中圧タービンに入って過速することを防ぐために，これを復水器へ導く役目をもっている.

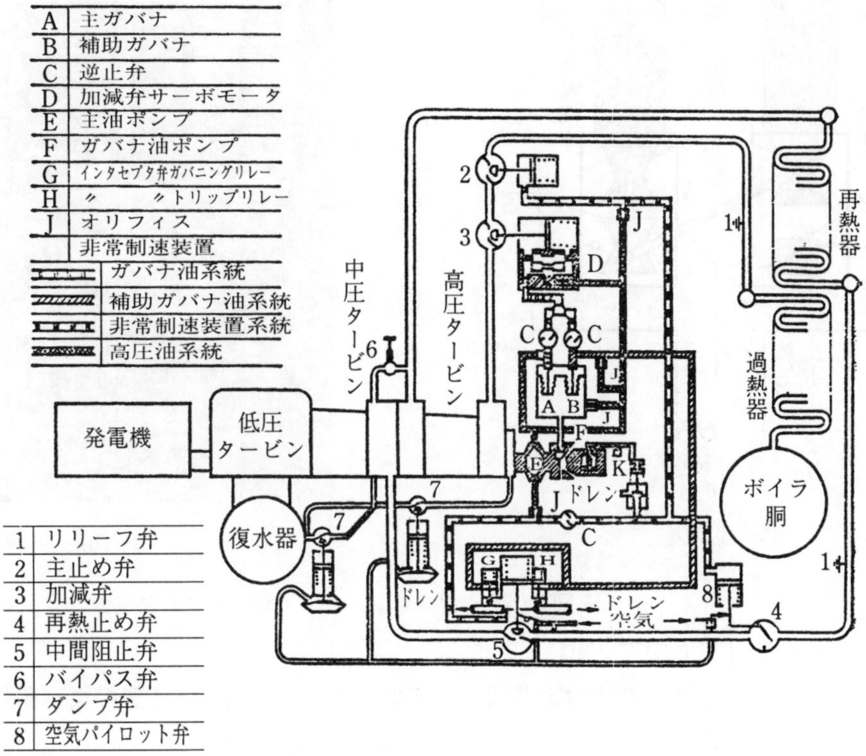

図 6·5 再熱タービンの蒸気系統および付属弁

6·2 クロスコンパウンドタービン

タービンが大容量化するにしたがって，1台の発電機の容量に制限を受ける．また最終段翼長を機械的強度の点から長くできないため，排気損失が増加してタービンの効率が低下する欠点がある．このためタービン発電機を2軸として低圧タービンを1 500または1 800rpmとすれば最終段翼に大きいものが使えることになり，排気損失を減じ，タービンの効率を上昇させることができる．

このため主としてこれは大容量のタービンに採用される．わが国では50Hz系の大容量機にこの形式のタービンが多く採用されている．

クロスコンパウンドタービン

クロスコンパウンドタービン（cross compound turbine）の例を図 6·6 (a) および (b) に示す．

このタービンの特徴をあげると，

(1) タービン全長を短縮することができるので，建屋，クレーン，基礎などに要する費用を軽減できる．

(2) 排気面積を大きくすることができ，大容量機に適する．

(3) 発電機が中形となり設計が容易となる．

(4) 両軸の低圧タービンおよび発電機を同一設計とすることができ，工期の短縮ならびに建設費の節減が可能であり，同時に部品の互換性によって予備品を減ずる

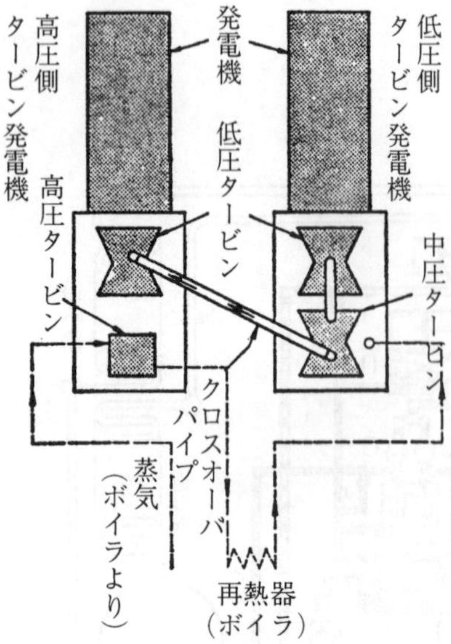

(a) 説明図

(b) 外観図

図6・6 クロスコンパウンド形タービン発電機

ことができる．

(5) 基礎台を共通として低圧タービン排気を1個の復水器に導水することができる．

図6・7は1軸形であるタンデムコンパウンド形のタービン発電機の例を示す．

図6・7 タンデムコンパウンド形タービン発電機

6·3　ユングストロームタービン

スタール
タービン

反動タービンの一種でスタールタービン（stal turbine）ともいう．これは**図6・8**に示すように動翼のみで静翼がなく，動翼は向いあった回転円板に同心円をなして交互に取付けられ，一方の動翼は他の動翼の間にはさまるようになっており，蒸気は中央の穴から入って外部に向って半径方向に流れ，円板は互いに反対方向に回転するから，一方の動翼は他の動翼の案内羽根のような役目をする．すなわち，このタービンは1個のタービンで反対に回転する2個の回転子をもち，発電機も2台になっていて発電機は常時並列運転されることによって左右の回転数はつねに同一である．このため，このタービンは他の種のタービンから見るといつも2倍の速度で回転していることになりコンパクトになる．

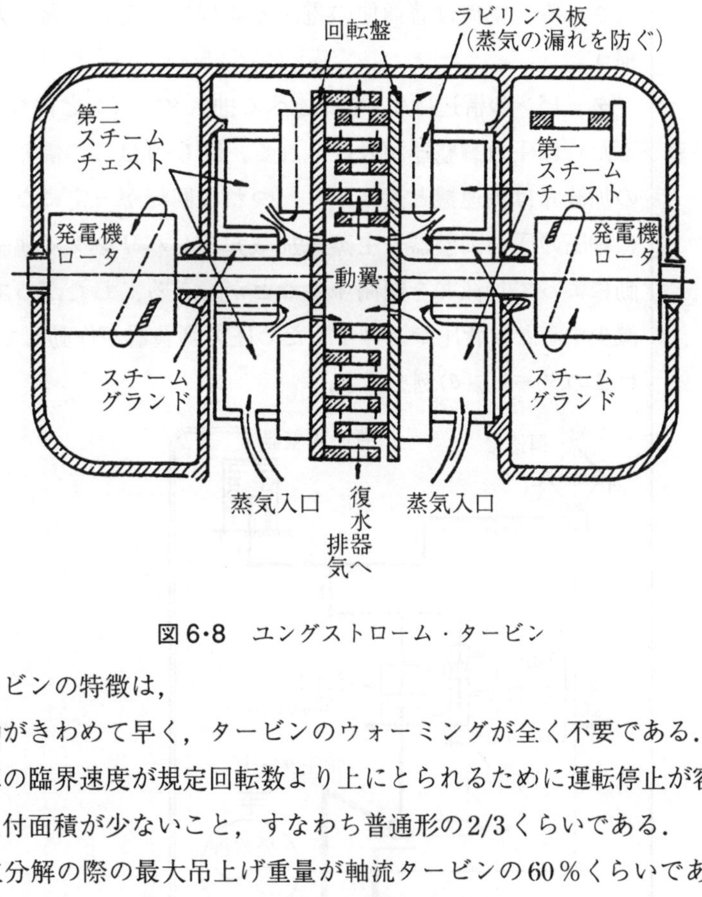

図6·8　ユングストローム・タービン

このタービンの特徴は，

(1) 始動がきわめて早く，タービンのウォーミングが全く不要である．

(2) 翼車の臨界速度が規定回転数より上にとられるために運転停止が容易である．

(3) 据え付面積が少ないこと，すなわち普通形の2/3くらいである．

(4) 組立分解の際の最大吊上げ重量が軸流タービンの60％くらいであるから天井クレーンが小さくてすみ，タービン室の建設費が低廉である．

(5) 効率は軸流形に比べて大形で2～4％，小形で4～6％，背圧タービンで5～8％よくなる．

6·4　背圧タービン

復水タービンでは復水器内で冷却水によって失われる熱量が熱損失の大部分を占め，燃料のもつエネルギーの50％以上にもおよぶ．これは熱機関のサイクル上不可避の損失で，いかに蒸気圧力・温度を高め，再生サイクルを改善し，再熱サイクルを用いても，それによって得られる熱効率の増大はごくわずかな部分にかぎられる．しかしこの排気の有する潜熱を冷却水によって廃棄してしまう代りに直接工場の作業蒸気として利用すれば，熱的には排気のエネルギーは完全に利用されることになり，プラントの熱効率は向上することになる．この目的に対して用いられるのが背圧タービン（back-pressure turbine）で，製糖・製紙・染料・化学繊維その他一般に中圧・低圧の蒸気を必要とする所に広く用いられる．またこの種のタービンで駆動される発電機は普通他の電源と並列に使用し，発電力の変化は他の電源によって補う．

背圧タービン

タービンの構造は6・6に述べる抽気タービンと同様であるが，ただ背圧を調整するために圧力調整器が設けられる．図6·9はこの調整機構を示す．すなわち主蒸気の加減弁は調速機と連結され，つねに回転が一定になるように加減されるが，同時に背圧の圧力調整器も主蒸気加減弁とレバリンクで連結されているので，背圧の変動によって加減弁を開閉することができる．したがって仮に工場用蒸気の使用量が減少すると，背圧が上昇するため圧力調整器が作動して加減弁を閉鎖する．図6·10はこのタービンの例を示す．

圧力調整器

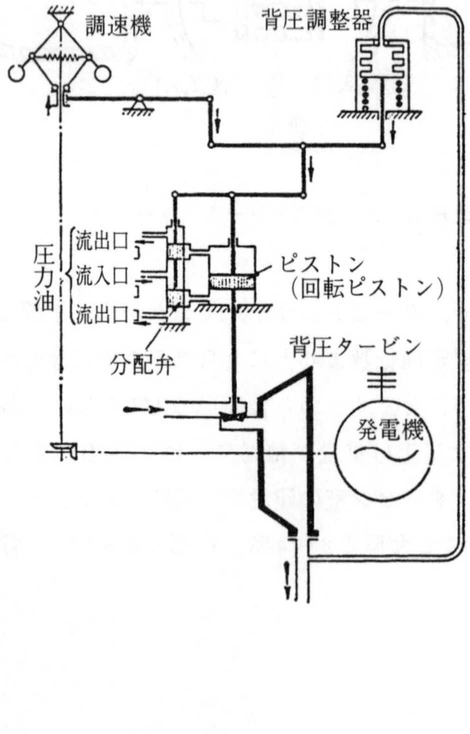

図6·9　背圧タービンの背圧調整機構

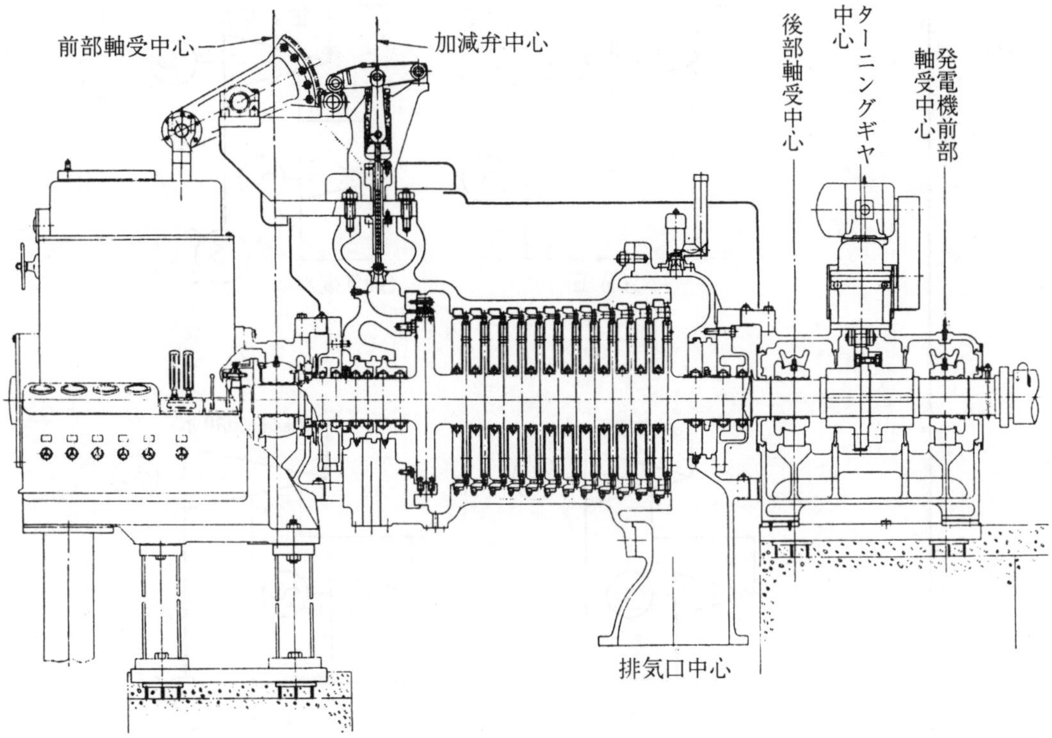

図6·10　背圧タービン

6·5　トップタービン

トップタービン

トップタービン（top turbine）は背圧タービンの一種であるが，これは既設の比較的低圧蒸気を使用する発電所において，ボイラはすでにその寿命に達しているが，タービンはまだ使用が可能であるような場合に，ボイラを高圧のものと取換え，高圧タービンを増設して，その排気で既設のタービンを運転し，発電所の出力を増すとともに熱効率を増進することを目的とするものである．すなわちつぎのような場合に適する．

(1) 負荷率が比較的高い発電所で，さらに出力増加が必要なとき．

(2) 出力の増加に対し，冷却水の容量に制限があるとき．

(3) 既設備の蒸気圧力が比較的低いとき．

(4) タービンに比べてボイラの老朽が著しいとき．

(5) 発電所の敷地には余裕はないが，さらに出力増加させたいとき．

(6) 最も経済的に既設備の能率を向上し，運転コストの低減をはかりたいとき．

トップタービンが採用される初圧，初温は58～63 kg/cm^2，430～455℃または84～100 kg/cm^2，475～500℃程度である．

トップタービンを採用した場合の経済比較を図6·11の2ケースについて行った結果は表6·1に示すとおりである．すなわちどのケースとも背圧タービンをトップタービンとして使うよりも，抽気復水タービンを使用する方が有利で，トップタービンの容量は大きい方が優っている．

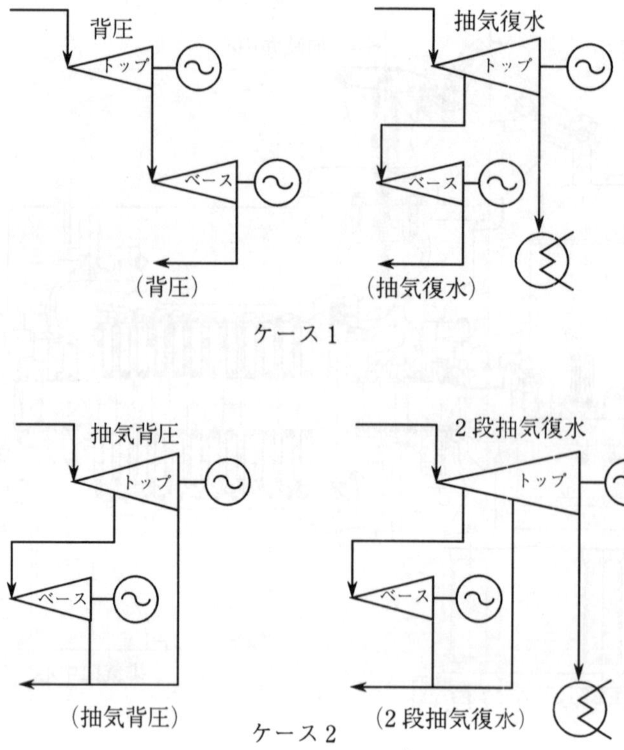

図6·11 トップタービンの形式

表6·1 トップタービンの経済比較

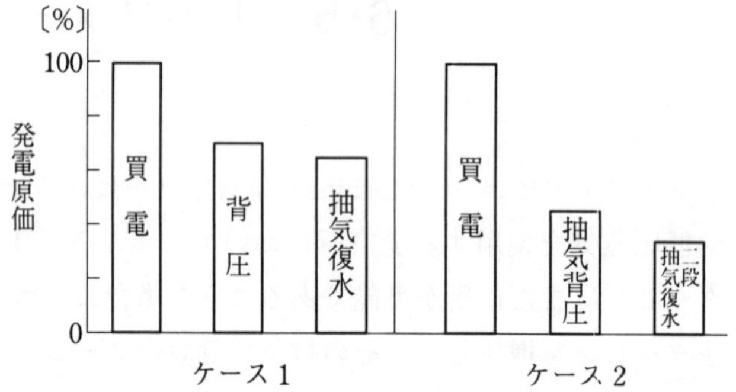

	ケース1			ケース2		
プロセス蒸気増加量	0			40 t/h		
プロセス蒸気量	40 t/h			80 t/h		
必要電力量	8 500 kW			14 500 kW		
トップタービン形式		背圧	抽気復水		抽気背圧	2段抽気復水
トップタービン出力〔kW〕	0	2 000	4 700	0	8 000	10 700
ベース+トップ出力〔kW〕	3 800	5 800	8 500	3 800	11 800	14 500
買電量〔kW〕	4 700	2 700	0	10 700	2 700	0
※発電原価〔%〕	100	76.0	73.0	100	47.0	36.0

※買電量も含めたベースタービン，トップタービンの発電原価を示す

6·6　抽気タービン

抽気タービン
多段抽気
復水タービン

蒸気タービンの中間段から蒸気を抽出し，これを工場用あるいは発電所の給水加熱用蒸気として利用するものである．発電用としてはほとんど抽気タービン（extraction turbine）が採用されるが，この場合は例外なく多段抽気復水タービンの形式をとる．これに対して自家用の比較的小容量のものは，加熱または煮沸用蒸気として抽気（bleed）した蒸気を使用する．

このタービンは抽出蒸気が増減しても復水器に流入する蒸気量が自動的に増減してタービンの出力を一定に保つことができる．また逆に工場用蒸気量のいかんにかかわらず任意の負荷に応ずることができる．**図6・12**は抽気タービンの形式を示す．また**図6・13**は2段抽気タービンの例を示す．

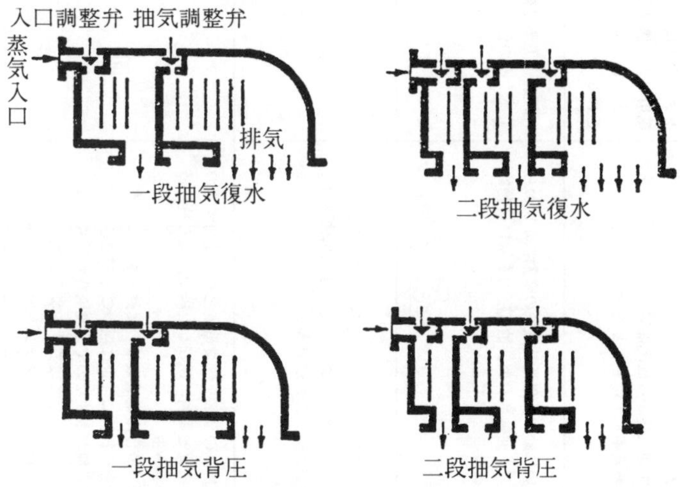

図6・12　抽気タービンの形式

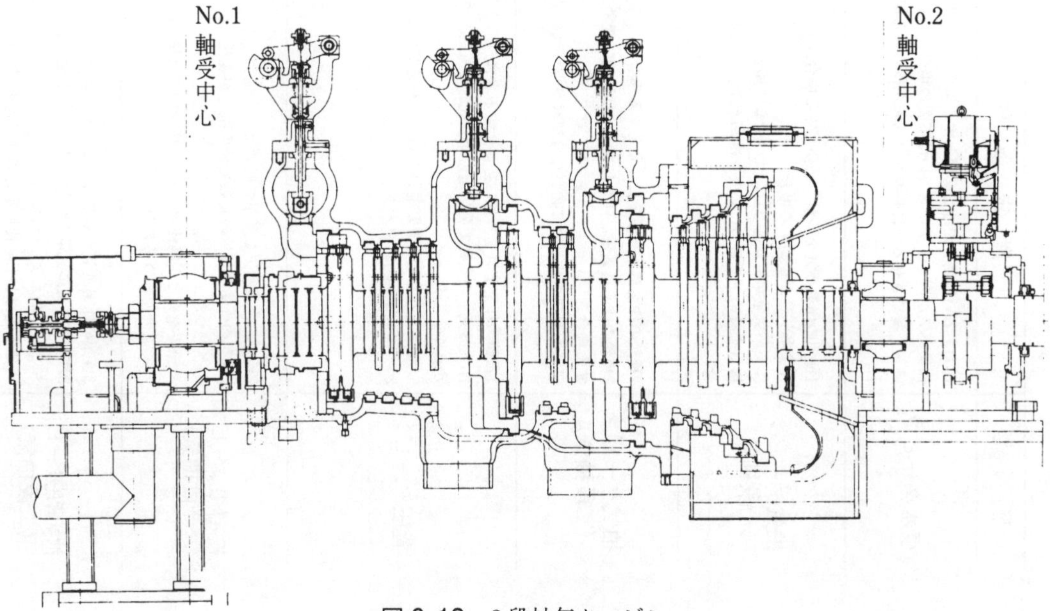

図6・13　2段抽気タービン

6·7 工業用蒸気タービン

生産に電力や動力を必要とする諸工業，たとえば紙，パルプ，繊維，食品，その他化学工業では，例外なく蒸気タービンによる自家発電設備を設置して，完全操業の確保と生産コストの低減をはかっている．

表6·2 工業用蒸気タービンの形式と選定

形式	選定条件	特長	用途
復水タービン	電力あるいは動力だけを必要とする場合． 作業蒸気がごく少量かあるいは不要の場合． 排気を凝結させるのに必要な冷却水が得られる場合．	高い効率が得られる． タービン中間段落から数段抽気してボイラ給水を加熱し，熱効率を上げることができる．	セメント工場，製鉄所，鉱山，化学工場などの発電用および機械駆動（送風機，ポンプなど）用． （とくに工場の余熱が利用できる場合に多く設置される）
抽気タービン（一段抽気）	1種類の作業蒸気を多量に必要とする場合． 作業蒸気量が変動する場合． 作業蒸気量が所要電力量に比べ少ない場合． 排気を凝結させるのに必要な冷却水が得られる場合．	電力あるいは動力，作業蒸気量の変動にかかわらず，タービン回転数および抽気圧力を常に自動的に一定に保つことができる．	各種製造工業（紙，パルプ，化学，食品，繊維工業，その他）の発電用および機械駆動用．
抽気タービン（二段抽気）	2種類の作業蒸気を多量に必要とする場合． 2種類の作業蒸気量が同時にあるいは別個に変動する場合． 排気を凝結させるのに必要な冷却水が得られる場合．	電力あるいは動力，作業蒸気量の変動にかかわらず，タービン回転数および抽気圧力（2種類とも）を常に一定に保つことができる．	同上
背圧タービン	1種類の作業蒸気を多量に必要とする場合． 作業蒸気量の変動で発生電力が変化してもさしつかえない場合． （発生電力と工場所要電力の間に過不足が起るので並列運転の必要がある）	タービン排気の全部を作業蒸気として使用するので，他の電源と並列に運転した場合，最も熱経済的な形式である． 並列運転の場合作業蒸気量の変動にかかわらず，常に背圧を自動的に一定に保つことができる． 復水冷却設備が不要なので，設備費が軽減される． トップタービンとして設置する場合，既設発電所のプラント効率およびプラント出力を増加できる．	同上
抽気背圧タービン（一段抽気）	2種類の作業蒸気を多量に必要とする場合． 2種類の作業蒸気量の変動で発生電力が変化してもさしつかえない場合 （発生電力と工場使用電力の間に過不足が起るので並列運転の必要がある）	並列運転の場合，いずれの作業蒸気量の変動にかかわらず，常に抽気圧力および背圧を自動的に一定に保つことができる．	同上
抽気背圧タービン（二段抽気）	3種類の作業蒸気を多量に必要とする場合． 3種類の作業蒸気量の変動で発生電力が変化してもさしつかえない場合 （発生電力と工場使用電力の間に過不足が起るので並列運転の必要がある）	並列運転の場合，いずれの作業蒸気量の変動にかかわらず，常に抽気圧力および背圧を自動的に一定に保つことができる．	同上

これらは主目的として蒸気を必要とする場合が多く，蒸気の発生だけにボイラを設置するのは不経済であるため，電気の発生を行った後の蒸気を生産用にすれば，総合効率の向上がはかられ，しかも工場内での使用電力を得られるために，外部からの買電を少なくできるわけである．

また最近では電気事業法の改正によって，独立電気事業者としての途も開かれたため，電気発生を主目的として発電設備を設ける自家発電者も現われているが，ここでは前記の工業用蒸気タービンについての形式と選定について，その概要を説明する．**表6·2**はこれを示す．なおこれら各タービンについてはすでに説明ずみのものである．

工業用蒸気タービン

7　タービンの保安装置

7·1　タービンの保安装置

保安装置

タービン運転状態の異常による事故および危険の未然防止のために取付けられている各種の装置を総称して保安装置というが，その主なものにはつぎのようなものがある．

(a) 非常調速機（オイルトリップ弁付）
(b) 電磁遮断装置（MTS）
(c) 真空低下遮断装置
(d) スラスト摩耗遮断装置（電磁遮断装置を作動）
(e) 手動全遮断（マスタトリップハンドル）
(f) バックアップオーバスピードトリップ
(g) 軸受油圧低下遮断装置（電磁遮断装置を作動）

これらの各保安装置が動作したときは加減弁，主止め弁，再熱止め弁，インタセプト弁，抽気逆止弁用リレー，ダンプ弁のすべての弁を閉鎖する．

準保安装置

なおこのほかに準保安装置があるが，これは異常運転状態において調整装置としての機能をもつもので，加減弁，インタセプト弁などを操作するもので，つぎのものがある．

(a) 主蒸気圧力調整器；ボイラ蒸気圧力低下に伴い加減弁を無負荷位置まで閉鎖する．

(b) インタセプト弁リレーおよびダッシュポットブリークダウンリンク；インタセプト弁の急激な閉鎖時，装置のセット上の遅れを無くするように計画されている．

これら保安装置の関係しているプラントでの関係位置を図7·1に示す．

7·2　タービン保安装置の動作

保安装置

タービンに異常が発生したとき，安全に停止させるためにタービン各弁（MSV（主蒸気止め弁），GOV（調速機），ICV（中間阻止弁），RSV（再熱止め弁），抽気逆止弁）を急速に閉じさせる装置を保安装置というが，危急制御装置ともいい，その保安装置にはつぎのようなものがある．

非常調速機

(a) **非常調速機**（高速オイルトリップ形，スタブシャフト付）

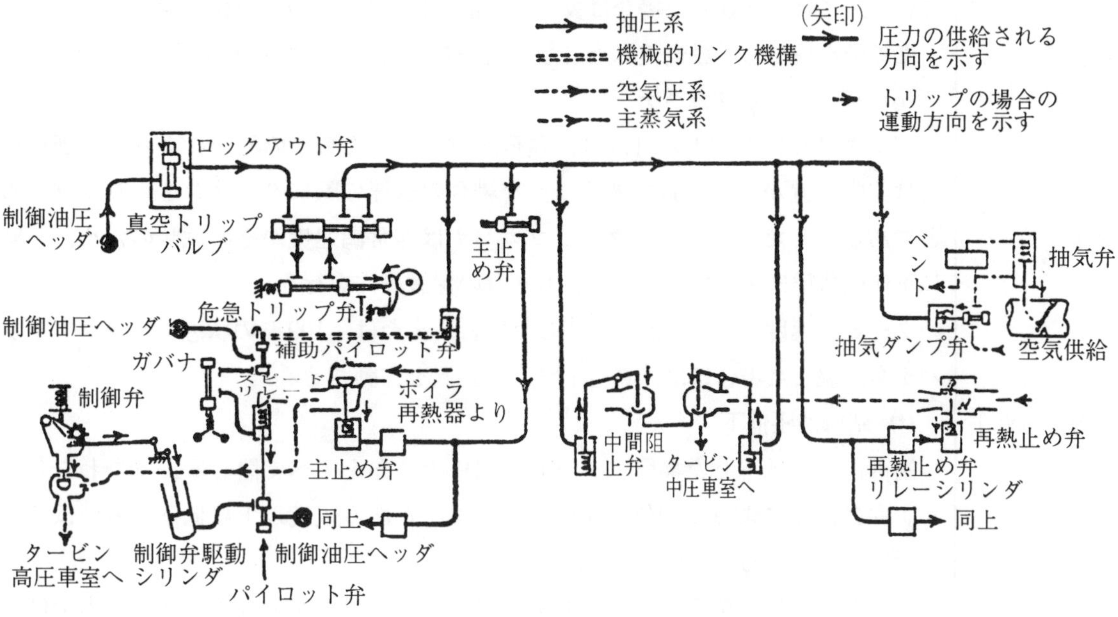

図7·1　タービン保安装置関係位置図

非常調速機は図5·6に示したとおり，タービン軸前端に取付けられ，タービンの過速による事故を未然に防止する装置である．非常調速機は偏心リングとバネとからなっており，タービンが過速すれば偏心リングがバネの力に打勝って作動する．この結果偏心リングは一方向に飛出し，危急遮断のかけ金を叩いて危急遮断装置を働かせ，主止め弁および加減弁を閉じタービンへの蒸気供給を遮断する．これと同時に再熱止め弁およびインタセプト弁を閉じて，再熱器内の蒸気によってタービンが過速されるのを防ぐ．オイルトリップ弁を開けば偏心リング内に油を注入するから，タービン定格回転中に非常調速機の作動試験を行うことができる．

非常調速機は通常回転数の110～111％でトリップし，102％以下でリセットされるように調整されている．

タービン真空低下トリップ

(b) タービン真空低下トリップ

タービンを低真空度で運転するとタービン排気部が過熱され，同部分の熱応力による破損，異常振動が発生するので，これを防止するためタービンを停止する．

真空低下設定値および運用は以下のようになっている．

(1) 真空低下1段（ANN）　670 mmHg

(2) 真空低下2段（Trip）　572 mmHg（始動～全負荷）

635 mmHg（1 750 rpm～30％負荷）

(注) 635 mmHgでのトリップは手動トリップとなる．

軸受油圧低下遮断装置

(c) 軸受油圧低下遮断装置

軸受油圧が低下すると，各部軸受の油潤滑が阻害され，ひいては軸受を損傷し，タービン運転不能となる．このため軸受給油ラインに2個の圧力スイッチを設け，1個は軸受油圧1.1 kg/cm^{2}gで作動し，警報およびランプ表示し他の1個は軸受油圧0.7 kg/cm^{2}gで作動し，真空トリップソレノイドを励磁しタービンを停止させる．

スラスト保護装置

(d) スラスト保護装置

スラスト軸受は，軸方向の推力を受けると同時に車室に対する翼車の位置をきめている．これが摩耗した場合は翼と静止部が接触して重大事故になる．

摩耗量を検出して設定値以上になった場合にタービンを停止する．

バックアップガバナ

(e) バックアップガバナ

バックアップガバナの目的は，負荷遮断の際なんらかの原因により非常調速機または非常装置が作動不良であるような場合の過速の際にタービンをトリップすることである．したがってバックアップガバナは非常調速機がその試験のため，一時的に不作動状態にされている場合にもそれの保護動作を行う．

タービン速度が112％まで過速した場合，または，109％の状態でバックアップガバナを試験した場合には，真空トリップ装置を作動させる．

制御油圧低下

(f) 制御油圧低下

制御油圧が低下した場合にタービン関係の各弁をすべて閉じる．すなわち各タービン弁は油圧によって開位置を保つが，油圧がある限度以下に低下あるいはそう失した場合は自動的に弁を閉じる．

上記のほかにも関連するものもあるが，これらの保安装置が動作した場合は，図7･2の系統図のようにボイラ，タービン，発電機を停止させることになる．また緊急時に手動で引ボタンを引けば，タービンを緊急停止させることができる装置（5T）も設備されている．

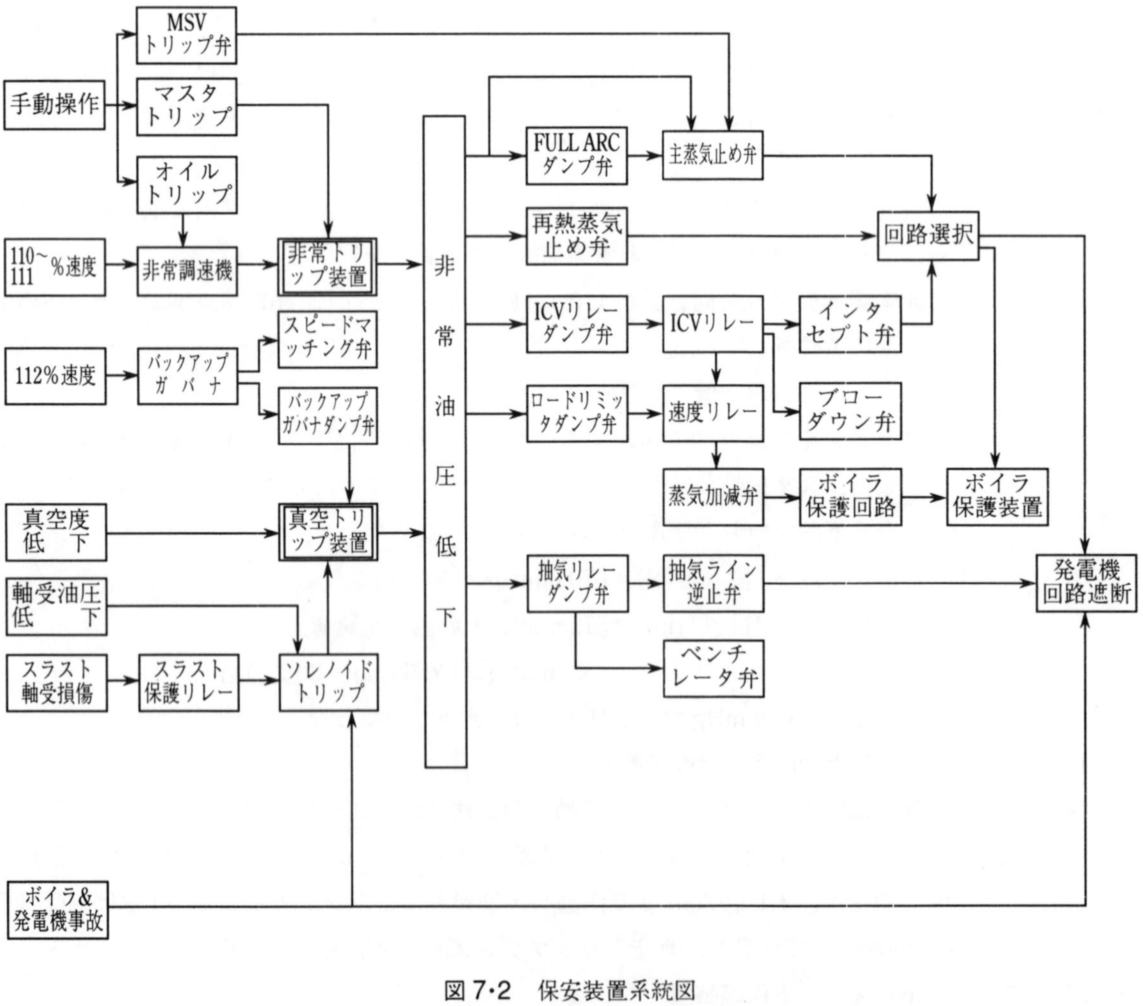

図7･2　保安装置系統図

図7･3はタービン関係の保護インタロック図を示す．また表7･1はタービン保護

インタロック項目の例を示す.

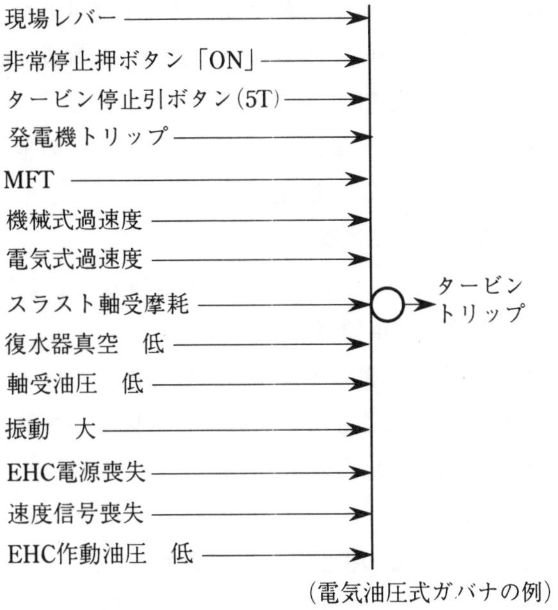

図7·3　タービン保護インタロック図

表7·1　タービン保護インタロック項目(例)

項　　　目	設　置　目　的	備　　　考
a.　過速度	回転機械の保護のため設置するもので，設定値は定格回転数の111%以下である. これには，機械式と電気式の2種がある.	
b.　スラスト軸受摩耗	スラスト軸受摩耗によるタービン回転部分と静止部分との接触事故防止のため設置する.	
c.　復水器真空低下	復水器真空低下に伴う，タービン最終翼の過熱あるいは過大応力防止のため設置する.	
d.　軸受油圧低下	軸受油圧低下による軸受損傷防止のため設置する.	
e.　振動大	軸振動大による機械損傷防止のため設置する.	振動計の信頼性を考慮し，昇速中および無負荷運転中に限ってトリップさせるプラントもある.
f.　EHC（電気油圧ガバナ）電源喪失	EHC採用の場合，昇速中速度信号喪失で異常危険な信号を出し制御するのを防止するため設置する.	
g.　EHC作動油圧低	EHC作動油圧低により，制御不能となるため設置する.	メーカによっては設けない場合がある.
h.　排気温度高	タービン排気温度高による低圧タービン最終翼の過熱および復水器保護のため設置する.	メーカによっては設けない場合がある.
i.　主油ポンプ吐出圧力低	ポンプ軸折損による事故を防ぐために設置する.	メーカあるいはユーザによっては設けない場合がある.

準保安装置

なお準保安装置とも称すべきものについては，以下に述べるとおりである.

主蒸気圧力低下

(g)　主蒸気圧力低下

主蒸気圧調整器によって負荷を自動的に軽減する．タービン入口の蒸気圧力がある限度以下に低下した場合に，蒸気圧力に応じるようにタービン負荷を自動的に軽減する.

排気温度過高

(h)　排気温度過高

排気温度の過高に対してタービンをトリップあるいは警報する．タービンが無負荷運転に近くなると，タービンは高圧部付近だけで蒸気によって駆動され，一方低圧部では逆に動翼が蒸気をかきまわして軸動力を消費するような状態になる．この場合，低圧車室排気部付近で温度が上昇し，同部分の熱応力による破壊，腐食や異常振動などを生じる．このため温度要素その他によってこれを検出して，適当な手段によってタービンを保護する．

推力軸受温度

(i) 推力軸受温度高

推力軸受温度の高温を検出して警報の発生またはタービンをトリップさせる．

車室・翼車伸び差

(j) 車室・翼車伸び差高

車軸と車室の膨張差によって警報あるいはトリップさせる．車軸と車室との膨張差がいちじるしくなると，動翼と静翼とが接触するためにある限度以上の膨張差が出れば警報し，場合によってはトリップさせる．

(k) 振動大

タービン車軸の振動に対して警報する．

その他のタービン保安装置として普通設備されるものにはつぎのようなものがある．

大気放出ダイヤフラム

(1) 大気放出ダイヤフラム（diaphragm）　タービン排気部と復水器を過剰の圧力から保護するために設ける鉛，銅または銀入り銅製の板でできたものである．

真空破壊装置

(2) 真空破壊装置（vacuum breaker）　タービンを緊急停止する場合に復水器の真空を破壊させると，この目的に沿うことができるので，このために設けられるものである．

抽気逆止弁
抽気自動開閉弁

(3) 抽気逆止弁および抽気自動開閉弁　タービンからは各給水加熱器や脱気器へ給水加熱のために抽気するが，タービンはトリップ時急激に圧力が低下するため給水加熱器や脱気器側から蒸気が逆流してタービンが過速するおそれがある．これを防止するために各抽気管に逆止弁が設けられる．

中間阻止弁
再熱止め弁

(4) 中間阻止弁（intercept valve）**および再熱止め弁**（reheat stop valve）　再熱タービンの高圧タービン出口と中圧タービン入口の間に再熱器があり，運転中はこれに蒸気が存在するので非常に大きなエネルギーをもっている．したがってタービン負荷が急激に失われたような場合は，たとえ蒸気加減弁が閉じてもこのエネルギーが中圧タービン以下に流入するために，タービンが過速（over speed）するおそれがある．このため調速機の動作によって中圧タービン入口にある中間阻止弁を閉鎖して過速を防ぐ．

しかしもしもこれが動作不良で再熱蒸気の遮断が完全に行われない場合のことも一応考慮して，中間阻止弁より再熱器側に再熱止め弁を設けて後備保護を行う．

アンチシペータ

(5) アンチシペータ（anticipator）　再熱タービンでは負荷の消失時に迅速に中間阻止弁を閉止するため補助調速機を備えているが，補助調速機では若干の時間遅れがあり，この間でも速度の上昇があるため，速度上昇に関係なく瞬時限電流継電器で発電機負荷の減少と，中圧タービンに設けた圧力継電器で中圧段の圧力を検出して，負荷遮断あるいは降下を検出すれば都合がよい．アンチシペータはこの検出装置によって中間阻止弁，調速弁をそれぞれ閉止し増速を抑制するものであって，WH（ウエスチングハウス）形タービンに設けられる．

7·3　モータリングの防止

モータリング

タービン発電機が系統に並列して運転している場合，タービンへの蒸気入力がタービンの無負荷定速回転を保つに必要な全損失を供給できなくなった場合は，発電機は同期電動機となって系統から電力をもらうことになる．これをモータリング（電動機化）という．この場合発電機への入力はその損失と摩擦を補うだけの電力であるが，その大きさは定格出力の2～3％程度といわれる．モータリングは発電機に対してはとくに悪影響はないが，タービンでは低圧車室排気部の大きな風損によってこの部分の温度が急激に上昇して，安全限度を超えることになる．また高圧翼においてもこの運転は決して好ましくない．

モータリングの発見は普通タービン排気部温度検出装置，制御弁開度リミットスイッチ，あるいは発電機回路の逆電力継電器によって検出することができる．

8　タービンの制御と計測

8·1　タービン制御

タービンプラントの制御は
(1) タービン主機制御
(2) タービン補機制御
(3) 給水制御
に大別されるが，ここでは主として，(1)，(2)について述べることにする．

8·2　タービン主機制御

タービン主機制御装置

タービン主機制御装置は，制御手段によりつぎの3種類に区分される．
(1) 機械-油圧式制御装置（MHC：Mechanical Hydraulic Control）
(2) 電気-油圧式制御装置（EHC：Electro Hydraulic ControlまたはEHG，以下，EHCと呼ぶ）
(3) ディジタル電気-油圧式制御装置（D-EHC；Digital-EHC）

これらの大きな違いは，MHCが制御信号の検出，伝達，演算および増幅を機械的な調速機やレバー，カム，リンク，油圧リレー，ピストンなどにより行うのに対し，EHC，D-EHCでは，電気回路でおのおのアナログ，ディジタル的に処理する点である．

EHC

EHCが採用され始めたのは昭和40年代半ばからで，その理由としては，タービンの容量が大きくなって被制御機器も大きくなったため従来方式の機械-油圧式では遅れを招くことと，技術の進歩，とくにエレクトロニクス応用技術が著しく向上したため，これを用いて自動化・省力化・計算機利用による制御の有利なことが認識されてきて，この方式が採用されるようになったわけである．現在ではごく小容量のものは別として，ほとんどこの方式が採用されている．

(a) EHCの機能・特徴

表8·1にEHCのもつ機能を示す．また**表8·2**は各種方式の構成要素の比較を示す．両表からみてもわかるようにEHCの方が優れている．とくに運転の自動化および省力化はもとより，外部系統との連系制御系に対して簡単に対応できる機能をもっている．また最近の高度な自動化の要求に応じ得るようにコンピュータとのインタフ

ェースに対して柔軟性があり，マッチングも容易である．さらにFA/PA切替も従来のMSV，CVによる切替えでなく，CVのみによって可能であるため，運転にフレキシビリティを持たせることができる．

表8·1　EHCの機能

標準EHCのもつ機能	機種によってもつ機能	
	機　　能	適用機種
(1) 回転数および上昇率制御系（2列） (2) ラインスピードマッチャ (3) 負荷制御回路 (4) ロードリミット，セットバック，ランバック (5) 弁位置制御回路含非線形 (6) パワーロードアンバランス回路 (7) ウォーミング回路 (8) 第1段圧力フィードバック (9) 非常トリップおよび警報回路 (10) モニタ回路およびファストヒット (11) 弁テスト回路	(日) 主蒸気圧力制御(2系列) (月) バイパス弁制御 (火) 総流量制御 (水) 再循環制御 (木) 圧力設定点変更	原子力 タービン
	(金) スピードマッチング回路 (土) FA/PA切替 (祭) タービンバイパス制御	火　力 タービン
	(祝) 抽気圧力制御 (自) 背気圧力制御 (至) 主蒸気圧力制御 (代) ロードデマンドコントロール (呼) タービンバイパス制御	産業用 タービン
	(株) 給水制御演算回路 (資) 給水制御回転数設定回路	B F P タービン

表8·2　MHCとEHC，D－EHCの構成要素の比較

分類	機　器	MHC	EHC	D－EHC
速度制御	回転数検出部	遠心重錘式調速機 回転パイロット弁	電磁ピックアップおよび周波数/電圧変換器	電磁ピックアップおよび周波数/ディジタル変換器
	演算増幅部	レバー・リンク・油圧リレー・ピストン等の組合わせ	アナログ演算基板の組合わせ	マイクロコンピュータによるディジタル演算
	調速率設定	レバー比による設定	演算増幅器の抵抗値による設定	記憶装置の所定エリアに数値を記憶させることによる設定
	ガバナ設定	ガバナモータ駆動による設定	ガバナモータ駆動による設定	ディジタルコントローラ内の積分器による設定
	速度リレー	油圧ピストンおよびリンク機構	アナログ演算基板	マイクロコンピュータによるディジタル演算
	蒸気流量補正	機械式カム	アナログ演算基板 （関数発生器）	マイクロコンピュータによるディジタル演算
非常および保安制御	非常調速機	110±1%トリップ 偏心リング	同　左	同　左
	バックアップガバナ	112±1%トリップ 回転パイロット弁に内蔵	電磁ピックアップ検出信号による	同　左
	先行非常装置	ロードセンシングリレー （電流リレーと圧力スイッチの組合わせ）	パワーロードアンバランス回路 （アナログ演算基板の組合わせ）	同　左
	マスタトリップソレノイド	電磁弁および油圧リレーを介したトリップ	ソレノイドによる直接トリップ	同　左

(b) EHCの構成機器

(1) 演算・増幅その他を行うEHCキャビネット

(2) 運転操作を行うコントロールパネル

(3) 電源

(4) 高圧油発生装置

などから成っているが，(1)は電気・電子制御回路が収納されていて，テストなどのシーケンス回路も組込んだ独立形のキャビネットとなっている．

(2)は中央制御室の中央盤に組込まれ，スイッチ・メータ・ランプ類などから成っている．

(3)の電源は所内交流電源から整流したものと，タービン軸直結の永久磁石発電機から発生した電源を整流した2系列になっていて，所内電源そう失の場合でも電源確保ができる．

(4)の油圧は112 kg/cm^{2}gの高圧油を発生するもので，防火対策上難燃性油が使用される．

図8･1はEHCの構成を示す．

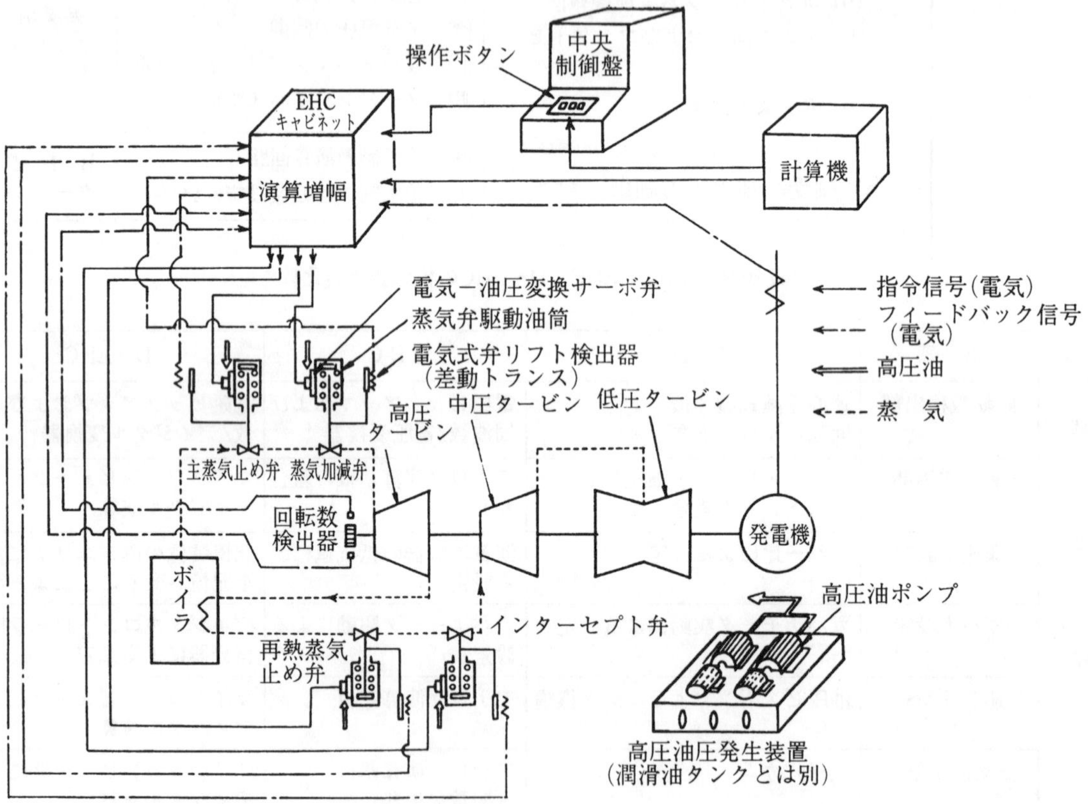

図8･1　EHCの構成

8·3　タービン補機制御

タービン補機制御には下記のような制御系がある．

(a) 復水器水位制御
(b) 復水器再循環流量制御
(c) 復水器ウォータカーテンスプレイ
(d) 脱気器水位制御
(e) 脱気器補助蒸気圧力制御
(f) 低圧給水加熱器水位制御
(g) 高圧給水加熱器水位制御
(h) 給水ポンプインジェクション温度制御
(i) 給水ポンプインジェクション差圧制御
(j) 給水ポンプ再循環流量制御
(k) 主タービン低圧ケーシングスプレイ
(l) 主タービン軸受給油温度制御
(m) BFPタービン軸受給油温度制御
(n) 軸受冷却水圧力制御
(o) 軸受冷却水温度制御
(p) 補給水タンク水位制御
(q) 空気エジェクタ蒸気圧力制御

このうち代表的な(a)と(d)および(j)について，要点を簡単に説明する．

(a) 復水器水位制御

復水器水位の制御は，流入と流出制御の二つが組合わされた形で行われる．要約していえば，

(1) 流出量　　復水ポンプ出口の調節弁，すなわち，脱気器水位調節弁で制御
(2) 流入量　　復水器への補給水調節弁で制御

復水器水位制御

一般に復水器水位制御といえば(2)である．

図8·2は一般的な復水器水位制御系統を示す．図の中でCV－1は常用補給水弁，CV－2は非常用補給水弁，CV－3は復水戻し弁である．

脱気器水位制御
脱気器貯水槽

(b) 脱気器水位制御

脱気器貯水槽はボイラ給水量を一定時間以上確保するためのものであり，かつまた給水ポンプの必要とする吸込圧力を確保するためのものでもある．このため常に一定の水位を保つ必要があるため，水位制御をしなければならない．

脱気器水位制御には脱気器貯水槽の水位を検出して

(1) 設定値との偏差だけで脱気器入口の調節弁を制御する1要素制御
(2) 脱気器水位に復水流量または給水流量の変化割合の信号を加えて制御する2要素制御

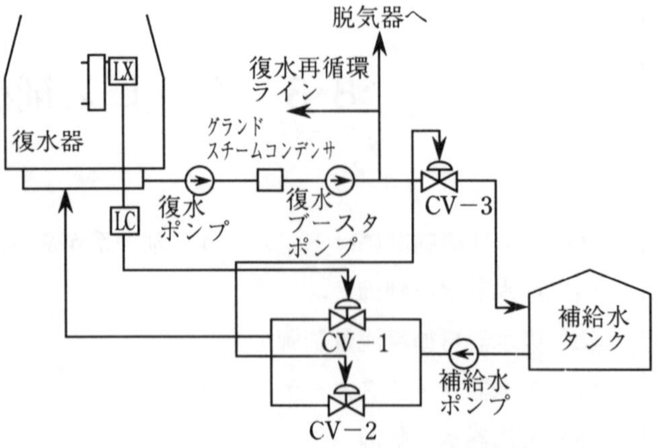

図8･2　復水器水位制御系統

(3) 脱気器水位・復水流量・給水流量の三つの信号を加味した3要素制御

がある．(3)は最大の外乱である給水流量を予知信号として加えたところに特徴があり，主に超臨界圧プラントで採用されている．

しかし最近は復水側の制御において，復水出口調節弁のみでなく，復水ブースタポンプの交流可変速制御を負荷条件によって切替える方式もある．図8･3はこの方式を示す．これによれば3要素制御によって安定な制御を実行するとともに，可変速制御によって省エネルギーに寄与することができる．

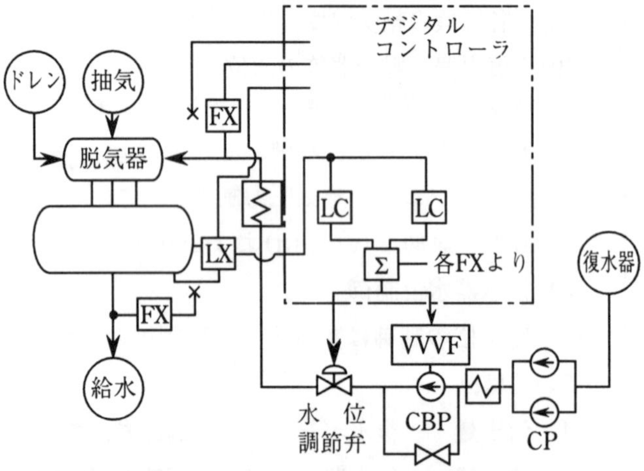

図8･3　脱気器水位制御系統（調節弁＋VVVF制御方式）

(c) **給水ポンプ再循環流量制御**

再循環流量制御　給水ポンプ再循環流量制御というのは，低吐出量域においてポンプが過熱されることを防止するために，ポンプの吐出管路から一定流量を吸込側に戻す循環系を構成して，ポンプに必要な流量すなわちミニマムフローを確保するものである．したがって，この流量調節弁はミニマムフロー弁または過熱防止弁とも呼ばれる．（流量調節弁）

再循環流量制御には，ON－OFF制御方式と連続制御方式の2種類がある．

(1) **ON－OFF制御方式**　ON－OFF制御方式は，ポンプ吸込流量の信号によって再循環弁を自動的にオンーオフ制御してポンプに必要な循環量を確保するもので，ほとんどのプラントがこの方式である．

(2) **連続制御方式**　連続制御方式は，ポンプ吸込流量を連続的に検出し設定値と比較して，その偏差に応じた開度信号を再循環弁に与えるもので，ON－OFF制御と比較して流量変動が大幅に改善され，ボイラ側への外乱を減少できるという利点がある．

8·4　タービンの監視・計測

タービンの監視・計測装置は，プラントの状態をモニタして，異常状態になった場合に警報や保護を行うとともに，指示計や記録計でプラントの状態を運転員に知らせ，性能管理への情報源としての役目をもっている．

おもな監視・計測項目の一例をつぎに示す．

(1)　主蒸気，再熱蒸気，抽気などの蒸気の圧力，温度
(2)　軸受および制御油系統の圧力，温度，油面
(3)　タービン・発電機の振動，偏心，伸び，伸び差等
(4)　タービン・発電機の各部温度
(5)　給水，復水流量
(6)　給水，復水およびドレンの圧力，温度
(7)　復水器真空，海水温度
(8)　各補機の軸受温度
(9)　復水器，脱気器等の水位
(10)　水素系統の圧力，温度，純度
(11)　発電機固定子冷却系統の圧力，温度，電導度
(12)　給水，復水の電導度，pH，溶存酸素

計測器形式として最近はほとんど電気式であるが，以下にその概要について説明する．

(a) プロセス量計測器

ボイラの計測とも共通するものが多いが，略記するとつぎのようになる．

圧力計測
(1) 圧力計測　　圧力をブルドン管やベローズの変位量に交換し，この偏位量をインピーダンス変化として電気量に変換する．

温度計測
(2) 温度計測　　熱電対や測温抵抗体により直接電気量として取出す．

流量計測
(3) 流量計測　　ベルヌーイの原理を利用したオリフィスやフローノズルにより差圧を発生させ，この差圧をダイアフラムで受圧し，変位量に変換し，さらに電気量に変換する．このほか面積式や体積式流量計も用いられる．

液面計測
(4) 液面計測　　静圧力（差圧）を圧力または差圧計測と同様にして計測する方法や浮力を利用し，フロートをスプリングでつるして，浮力によりスプリングの力とバランスする変位を計測する方法が用いられる．

(b) タービン監視計器

タービン・発電機を安全に始動し運転するためには回転状態を監視する必要があり，このためにタービン監視計器が設置される．**図8·4**は，タービン監視計器の検出器取付位置を示す．

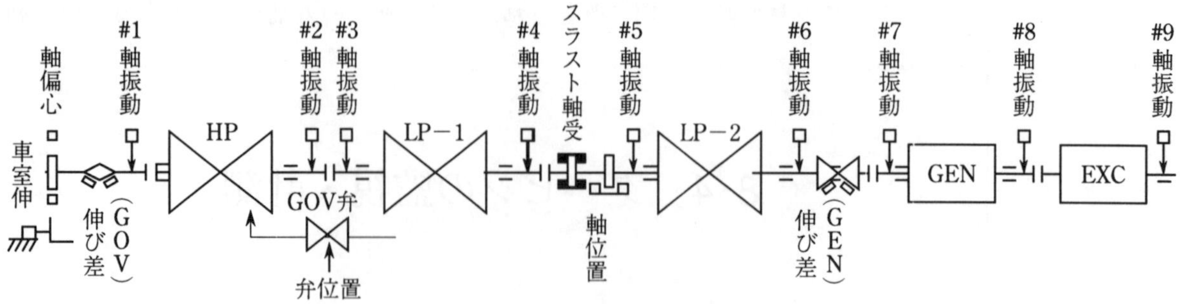

図 8･4　タービン監視計器検出器取付位置

軸偏心計

(1) 軸偏心計　タービンの車軸の曲がりを測定するもので，検出器は回転面に対して設置され，基準インダクタンスとの差を計測する．図 8･5 はこれを示す．なお最近の大容量タービンには，このほかに発生振動の位相角を示す振動位相角計やケーシングと車軸の摺動を監視するラブチェックモニタを設けている例もある．

ラブチェックモニタ

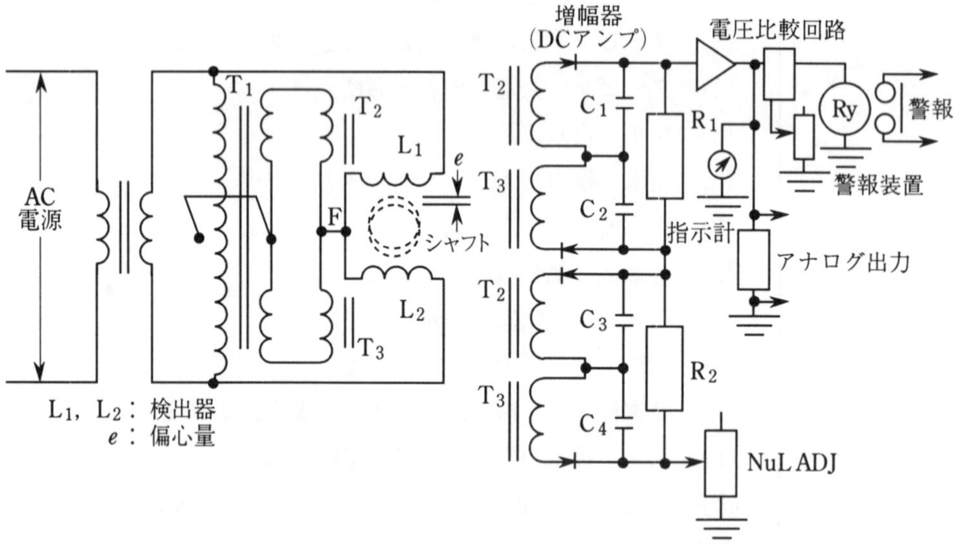

図 8･5　軸偏心計

タービンがある期間停止すると，軸（ロータ）は上側と下側に，わずかな温度差があることによって，少し歪んでくる．その量は通常0.1mmにも満たない程度であるが，これが高速回転になると，大きな不平衡力を生じて機械を損傷することになる．したがってタービンを始動するときは，この歪みがなくなるまでターニングによって，低速運転が行われる．軸偏心計は，このターニング中や速度上昇時に，歪みの量すなわち偏心量を監視，指示，記録するために使われている．

軸振動計

(2) 軸振動計　高速で回転するタービン発電機には，常に軸振動が起っている．この振動は，各種の要因が複雑に作用しあってその状態が変化するものであるが，運転中は常に，その量を規定値以内に管理しなければならない．これを管理し指示記録するのが，軸振動計である．したがって運転には欠かせない重要な計測であり，振動が過大になったときは警報およびタービンの非常停止を行って事故を未然に防止する．最近では，異常振動の起こりやすいタービン始動～低負荷運転時には，軸振動計の測定値が許容値を超過すれば，自動的にタービンをトリップさせる方法もとられている．図 8･6 はこの例を示す．

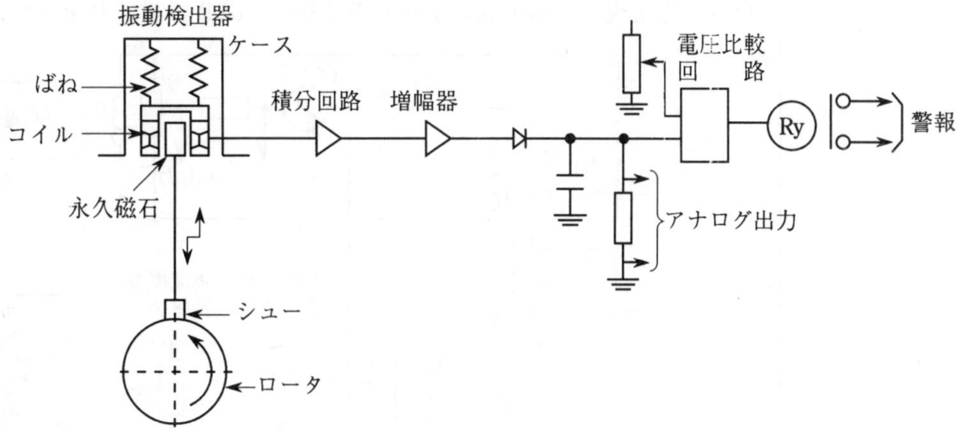

図 8·6　軸振動計

伸び差計

(3) **伸び差計**　タービンに通気すると，ロータ，ケーシングともに熱膨張する．ロータとケーシングは同じように膨張すれば問題ないが，ロータはケーシングに比べて熱容量が小さいため，早く熱せられその分膨張が早く進む．ロータとケーシングとの間には軸方向に一定のクリアランスがあるが，両者の膨張量が異なりその差がある限界を超えると両者は接触し，タービンを損傷することになる．そこでロータとケーシングのクリアランスの変化を小さくするために蒸気を徐々に供給し，ケーシングの膨張がロータのそれに遅れぬように，またロータが早く膨張すれば，ケーシングの膨張が追いつくまで，蒸気の量を減ずる等の操作を行う必要がある．伸差計はそのような操作上の指針となるもので，タービン始動時や負荷変動の大きいときのロータとケーシングの膨張の差を指示記録させ，危険値に対しては，警報を発するようにしたものである．

この計器はケーシングと車軸の相対的な位置を計測するもので，車軸の羽根とケーシングのノズルが接触しないように監視する重要な計器である．図 8·7 はこれを示す．

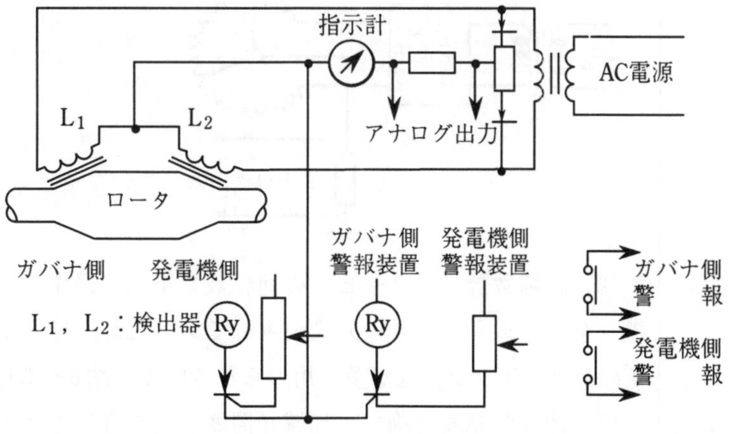

図 8·7　伸差計

軸位置計

(4) **軸位置計**　タービンに通気し，回転が上昇するとある一定の軸方向に推力が発生する．この推力を受けとめるため，スラスト軸受が設けられている．このスラスト軸受の油圧低下や軸方向の推力が過大になるとスラストメタルがすり減らされて，危険な状態となる．軸位置計は，スラスト軸受に対するこのような軸の動き

(位置) を監視し，指示記録するものである．図8･8はこれを示す．

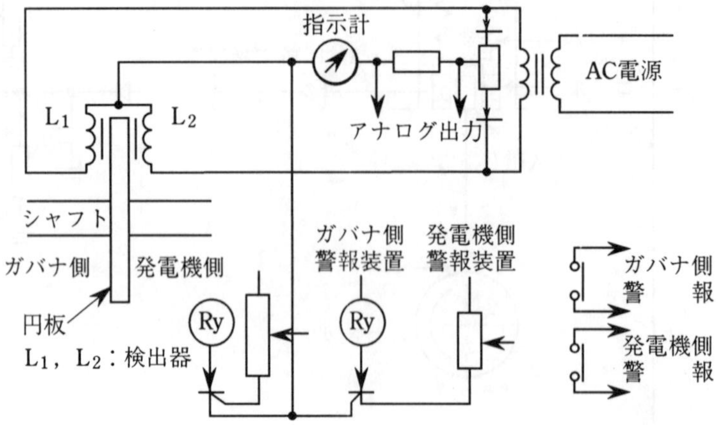

図8･8　軸位置計

車室伸び計
ケーシング

(5) 車室伸び計　　タービンが冷却静止状態から加熱されて負荷をとるにつれケーシングは膨張し，大形タービンではその値が40mmにも達する．ケーシングはその一端が基礎に固定されており，他の一端は膨張とともにキー道に沿って，軸方向に自由に動けるようになっているが，何らかの原因で，ケーシングの自由端がキー道に沿って，滑らかに滑らなかった場合には，大きな応力がかかり，タービンを損傷することにもなる．伸び計はタービンの始動時およびその後のケーシングの膨張を指示記録し，正常な膨張かどうかを監視するものである．図8･9はこれを示す．

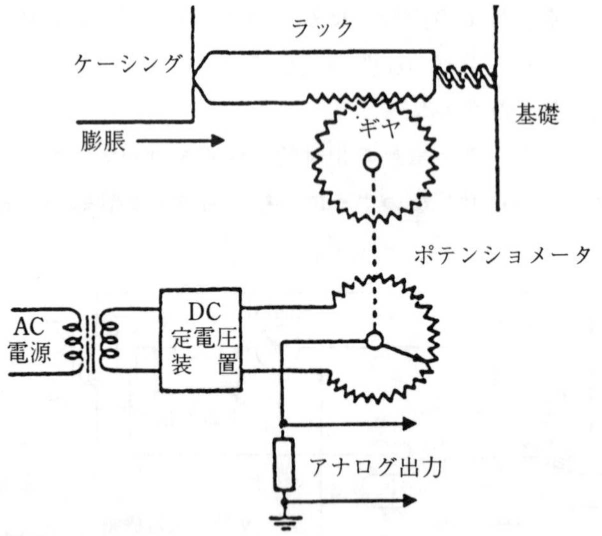

図8･9　車室伸び計

回転数計

(6) 回転数計　　タービンの回転数を指示記録するものであり，従来回転計発電機（タコジェネレータ）方式が主流であったが，最近では信頼性，保守性に優れた電磁ピックアップ方式が多く用いられている．図8･10はこれを示す．

加減弁開度計測

(7) 加減弁開度計測　　加減弁開度と発電機出力との関係により異常の有無をチェックするもので，検出器にはすべり抵抗器または差動トランスが用いられる．**表8･3**は上記タービン監視計器の例をまとめたものである．

表8·3　タービン監視計器の例

計器名	目盛範囲	冷機状態での設定値	警報点	トリップ点	備考
車室伸び記録計	0～40mm	0	－	－	
翼車位置記録計	0～1.5mm	0.75mm	1.05mm	1.45mm	
翼車偏心記録計	0～0.25mm	0	0.13mm	－	一次油圧を検出し，油圧リレーによってタービン速度600rpmにおいて偏心計の電源を切る
翼車振動記録計	0～0.4mm	0	0.1mm	－	両振幅軸受で計測
翼車，車室伸び差記録計	0～25mm	12.5mm	18.85mm	－	
フランジボルト温度差記録計	－150℃～＋150℃	－	－	－	制限値は－28℃～＋110℃
蒸気室メタル温度および蒸気温度記録計	0～600℃	－	－	－	制限値は－28℃～＋55℃最悪の場合でも蒸気温度がメタル温度よりも80℃低ければ解列
蒸気加減弁開度記録計	0～100% 0～4 500 rpm	－	－	－	3 600rpm±50rpm にあるときは弁位置を示し，その他の速度では毎分回転数を指示する．

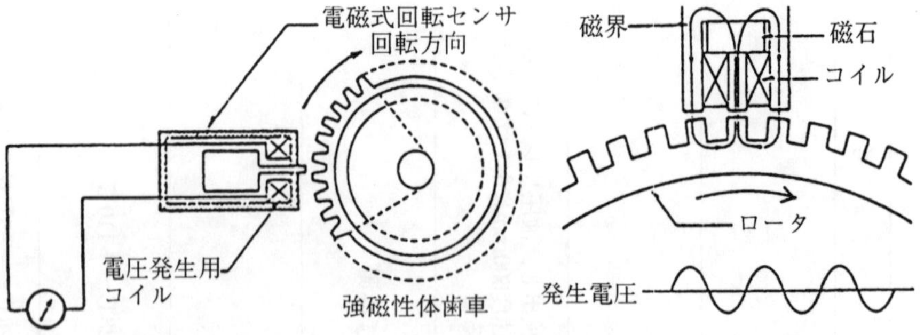

強磁性体歯車の回転によって
センサの誘導電圧が変化する

コイルにはロータの回転数によって
周波数のかわる交流電圧が発生する

図 8·10　回転計ピックアップ

演習問題

〔問題1〕蒸気タービンの調速法には蒸気の□をかえる□調速法と蒸気の□をかえる□調速法とある.

〔問題2〕蒸気タービンの非常調速機は，定格回転数の何%以内に整定されるか.

（答　111%）

〔問題3〕蒸気タービンの調速機には，蒸気の□をかえる□調速機と蒸気の流入面積をかえる□調速機とがある．また調速機能が害されて常規速度以上に□%の速度上昇となった場合，自動的に□を遮断する□調速機がある.

（答　熱落差と蒸気量（または圧力と蒸気量），絞り，ノズル締切り，10±1，主蒸気止め弁，非常）

〔問題4〕タービンの回転羽根に振動があれば，車盤を疲労させ，これを破壊することになる．とくにタービンの□が回転羽根の□数と一致すれば，□作用によって振動が助長されて危険になる．このときの速度を□という.

（答　回転数，固有振動，共振，臨界速度）

〔問題5〕蒸気タービン発電機の臨界速度の意義を述べ蒸気タービン発電機の運転上考慮すべき事項を説明せよ.

〔問題6〕タービン発電機において，軸が回転するとき，その中心線が正確に回転体の□を通過することは実際上不可能である．このような軸が回転すれば，不平衡な□によって軸はさらにわん曲の度を増す．この現象は低速度の場合には大きな障害はないが，回転数が回転子の□に近づくと，□を起こして大きな振動を生ずる．このときの回転数を□速度という.

（答　重心，遠心力，固有振動数，共振，臨界）

〔問題7〕つぎの述語を説明せよ.

蒸気タービンの臨界速度

〔問題8〕前置タービン（top turbine）の理論を説明し，わが国においてはいかなる場合に使用することが適当であるかを説明せよ.

〔問題9〕トップタービンによる発電に最も適するものは.

〔問題10〕トップタービン方式とは，気圧気温の低い既設発電所の□を改善し，同時に発電所の出力を増加させる目的をもって□と□とを設置し，□の排気を既設の低圧タービンに供給する方式である.

（答　熱効率，高圧ボイラ，高圧タービン，高圧タービン）

〔問題11〕蒸気タービン発電機の振動の原因を説明し，振動防止のためには設計ならびに運転上いかなる考慮が必要であるかを述べよ.

〔問題12〕蒸気タービンのラビリンスパッキングの用途は.

〔問題13〕つぎの述語の意義を説明し，その効果を述べよ.

(1) 抽気　(2) 再熱.

〔問題14〕復水式のタービンに使用する蒸気は，圧力だけが高くても□がこれに伴わないとタービン内で仕事をした蒸気の□が大きくなり，タービンの□を低下しまたタービンの羽根に腐食や□を生ずる.

（答　温度，湿り度，効率，損傷）

〔問題15〕周波数50Hzの電力系統に連系する原動機の速度調定率を4％とすると，系統の周波数が0.1Hz変化した場合，この原動機出力の変化は，その規定出力の何％に相当するか.

（答　5％）

〔問題16〕衝動式蒸気タービンでは各膨張段についてみると，蒸気は□内でその段の最も低い□まで膨張し，蒸気速度はその□の出口で□となって回転羽根に入る.

（答　ノズル，圧力，ノズル，最大）

〔問題17〕最近の汽力発電所における大容量復水タービン（汽圧169kg/cm^2，汽温566℃程度）の効率％はおよそ.

〔問題18〕つぎの事項について簡単に説明せよ.

（イ）クロス形（クロスコンパウンド形）タービン

（ロ）タービンの臨界速度（危険速度）

〔問題19〕汽力発電所における次の再熱再生サイクル蒸気系統図において，a，bおよびcがタービンのどの部分につながるかを図示し，かつ，□の中に適当な用語を記入せよ.

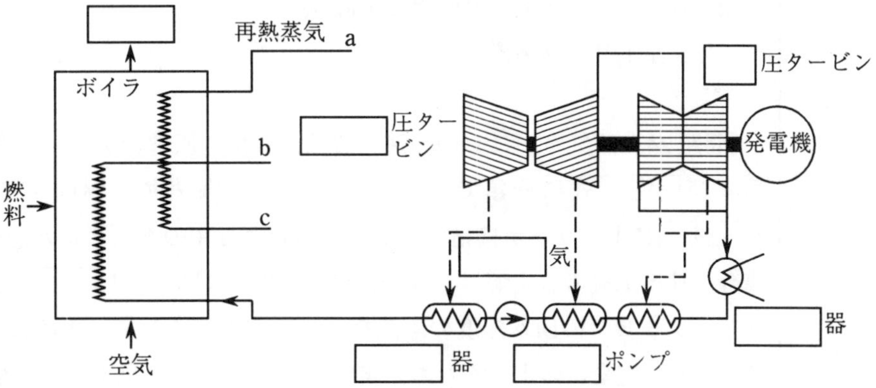

（答）

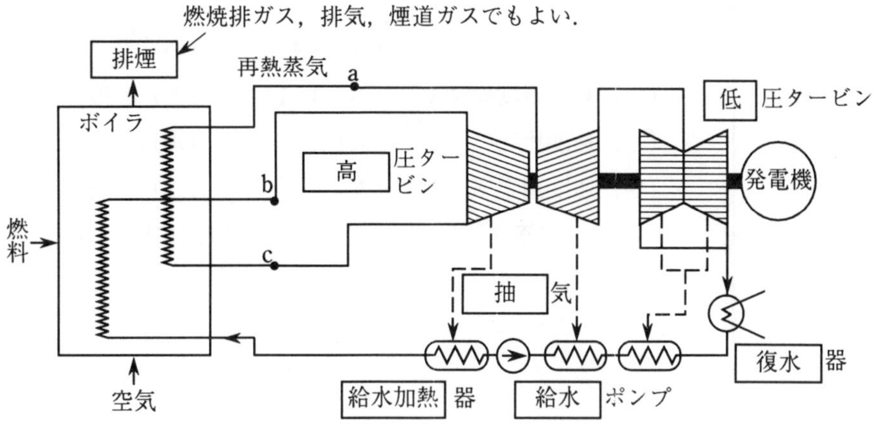

〔**問題20**〕蒸気タービンを緊急停止させる主要な保安装置三つを挙げ，それらの動作について簡単に説明せよ．

（**答**　過速度危急遮断装置，真空トリップ装置，スラスト軸受油圧低下トリップ装置）

〔**問題21**〕蒸気タービンの調速機は，速度の検出原理によって，機械式，□式および□式に分類できるが，最終的に調速弁を駆動する部分は，いずれも□によるサーボ機構である．全負荷運転中のタービンが急に無負荷になったとき，速度上昇の整定値は，調速機特性によって決まる．このため，□率が定義されており，その値は約□%程度である．

（**答**　油圧，電気，油圧，速度調定，4～5）

〔**問題22**〕汽力発電所と軽水炉形原子力発電所の蒸気条件の差異について説明するとともに，それがそれぞれの蒸気タービンとその付属設備の構造に与える影響について述べよ．

〔**問題23**〕蒸気タービンを緊急停止させる主要な保護装置のうち，つぎのものにつて，その必要性および動作原理を解答欄に説明せよ．（解答は，1問につき，200字以内にまとめること．）

(1) 非常調速装置（過速度トリップ装置）

(2) 推力（スラスト）軸受保護装置

(3) 真空トリップ装置

〔問題24〕蒸気タービンの調速装置は，検出の原理によって，機械式，[(1)]式および[(2)]式に分類できるが，最終的に調速弁を駆動する部分は，いずれも[(2)]によるサーボ機構である．全負荷運転中のタービンが急に無負荷になった場合，速度上昇の整定値は，調速装置の特性，すなわち[(3)]によって決まる．しかし，タービンの回転速度の急速な上昇を引き起こして大事故になる恐れがあるので，これを完全に防止するため，定格速度の[(4)]倍以下で作動する[(5)]が設けられている．

【解答群】

（イ）油圧	（ロ）1.15	（ハ）空気	（ニ）主蒸気止め弁
（ホ）瞬時速度変動率	（ヘ）1.11	（ト）1.20	（チ）真空破壊装置
（リ）速度比	（ヌ）遠心	（ル）電気	（ヲ）間接
（ワ）速度調定率	（カ）直接	（ヨ）非常調速装置	

（答　(1)－(ル)，(2)－(イ)，(3)－(ワ)，(4)－(ヘ)，(5)－(ヨ)）

英字

ア行

カ行

サ行

タ行

ナ行

ハ行

マ行

ヤ行

ラ行

d－book
蒸気タービン

2000年 11月24日 第1版第1刷発行

著 者 千葉 幸
発行者 田中久米四郎
発行所 株式会社電気書院
東京都渋谷区富ケ谷二丁目2-17
(〒151-0063)
電話03-3481-5101（代表）
FAX03-3481-5414
制 作 久美株式会社
京都市中京区新町通り錦小路上ル
(〒604-8214)
電話075-251-7121（代表）
FAX075-251-7133

印刷所 創栄印刷株式会社

Printed in Japan
ISBN4-485-42948-2

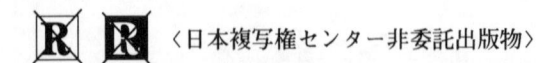